编委会

非物质文化遗产研究成果

潮州菜系列教材

普通高等教育精品教材

潮菜工艺实训教程

主　编　黄武营

副主编　陈俊生　方树光

暨南大學出版社
JINAN UNIVERSITY PRESS

中国·广州

图书在版编目（CIP）数据

潮菜工艺实训教程 / 黄武营主编；陈俊生，方树光副主编. —广州：暨南大学出版社，2017.2（2024.3 重印）
（非物质文化遗产研究成果·潮州菜系列教材）
ISBN 978 - 7 - 5668 - 1927 - 7

Ⅰ. ①潮… Ⅱ. ①黄…②陈…③方… Ⅲ. ①粤菜—菜谱—教材 Ⅳ. ①TS972. 182. 653

中国版本图书馆 CIP 数据核字（2016）第 205227 号

潮菜工艺实训教程
CHAOCAI GONGYI SHIXUN JIAOCHENG
主编：黄武营　副主编：陈俊生　方树光

出 版 人：阳　翼
策划编辑：潘雅琴
责任编辑：颜　彦
责任校对：高　婷
责任印制：周一丹　郑玉婷

出版发行：暨南大学出版社（511443）
电　　话：总编室（8620）37332601
　　　　　营销部（8620）37332680　37332681　37332682　37332683
传　　真：（8620）37332660（办公室）　37332684（营销部）
网　　址：http：//www.jnupress.com
排　　版：广州良弓广告有限公司
印　　刷：深圳市新联美术印刷有限公司
开　　本：787mm×960mm　1/16
印　　张：13.75
字　　数：262 千
版　　次：2017 年 2 月第 1 版
印　　次：2024 年 3 月第 3 次
定　　价：49.80 元

（暨大版图书如有印装质量问题，请与出版社总编室联系调换）

序

2012年9月，教育部在《普通高等学校本科专业目录（2012年）》中，将"烹饪与营养教育"专业列入目录内特设专业，这标志着烹饪与营养教育专业已由1998年颁布的《普通高等学校本科专业目录》中的目录外专业"升级"为目录内特设专业，这是对高等烹饪教育的肯定，也为今后高等烹饪教育进一步发展奠定了基础。

粤菜是中国四大菜系之一，而潮州菜（简称潮菜）又是粤菜的一个重要分支。韩山师范学院坐落在潮菜的发祥地——潮州，已有一百多年的历史，是一所历史悠久、特色鲜明的广东省属本科师范院校，完全有条件也有责任为潮菜的发展尽力。

韩山师范学院自2002年开始设置烹饪专科专业，为社会培养了一大批潮菜烹饪人才。为了更好地传承与发展潮菜，满足社会发展的需要，韩山师范学院在烹饪专科的基础上，于2010年设置了烹饪本科专业，即烹饪与营养教育专业，这也与教育部2012年颁布的本科专业目录相符合。烹饪本科专业的设置，需要编写能够反映潮菜特色的烹饪系列教材。为适应这一发展需要，2010年学校成立了由烹饪理论专家和企业烹饪大师共同组成的"非物质文化遗产研究成果·潮州菜系列教材"编写委员会，并着手对潮菜教材进行编撰与出版。2012年我应邀来到韩山师范学院旅游管理与烹饪学院讲学，有幸阅读了部分潮菜教材初稿，并考察了潮菜之乡的餐饮盛况，对潮菜印象十分深刻，以至于欣然接受了院长陈蔚辉教授之托，为即将出版的潮菜系列教材写序。

该系列教材突出了潮菜工艺的特色，体现了潮菜的特点，并力求在科学性、规范性、先进性、系统性和适用性等方面达到一个新的高度。该系列教材可作为普通高等院校四年制烹饪与营养教育专业、酒店管理专业及继续教育烹饪本科教材使用，也可供高等职业院校烹饪类专业教学选用，是一套较全面揭示潮菜特色的教科书。

中国烹饪协会副会长
扬州大学旅游烹饪学院院长
路新国　教授
2015年1月

前　言

潮菜，也称潮州菜，是广东潮汕地区的地方菜，它与广府菜、客家菜并称为广义的"粤菜"。潮州菜因其选料考究、制作精细、技法独特、口味清淡、形式巧雅和饮食文化丰富而享誉海内外。

潮菜在 2010 年作为粤菜的唯一代表亮相上海世博会，又于 2012 年代表中国餐饮亮相韩国丽水世博会，在世界各地的游客面前大放光彩，将潮菜的发展推向一个前所未有的高度。

韩山师范学院坐落在"中国潮菜之乡"——潮州市，该校早在 2002 年即率先创办了国内第一个以潮菜为教学特色的烹饪工艺与营养专科专业，此后又于 2010 年开设了烹饪与营养教育本科专业，面向全国招生。

十多年来，韩山师范学院烹饪专业一直秉承"加快发展，创特色专业；强化管理，育烹饪能人"的办学目标和宗旨，始终把为餐饮行业和地方经济社会发展培养高素质应用型专门人才作为专业的根本任务，为社会培养了大批合格的烹饪人才，在潮菜的传承与创新方面发挥了一定的引领和辐射作用。

2008 年"烹饪专业的职业技能训练模式的改革研究"获韩山师范学院第六届优秀教学成果一等奖，2012 年"基于岗位技能要求的人才培养模式与职业能力评价创新"再次获学校第七届优秀教学成果一等奖。近年来，烹饪专业又相继获得中央财政支持地方高校发展专项"潮州菜的传承与创新实验中心"（2014）、广东省本科高校质量工程项目"餐饮类专业复合型拔尖人才培养试点班"（2014）、"广东省本科高校烹饪人才培养示范基地"（2015），并被教育厅遴选为广东省中职烹饪师资培训基地，这些项目的实施为烹饪专业的进一步发展奠定了基础。

为进一步彰显韩山师范学院烹饪专业的办学特色，做强潮菜烹饪教育，我们拟在原潮菜系列讲义的基础上，通过充实内容、凝练特色，正式出版"非物质文化遗产研究成果·潮州菜系列教材"，该系列教材同时也是"区域文化教育丛书"之一。本套教材包括《潮菜原料学》《潮菜工艺学》《潮菜工艺实训教程》《潮州小吃》《潮菜药膳学》《潮菜宴席设计》《潮菜饮食文化》等。

　　《潮菜工艺实训教程》是烹饪工艺与营养专业、烹饪与营养教育专业的主干课程，也是学习潮菜工艺的重要实践课。通过该课程的学习，学生掌握了潮菜的刀工工艺、初加工工艺、熟处理工艺、烹调技法、干货涨发工艺、制汤工艺、蓉胶工艺等，为今后烹制出高质量的菜肴打下扎实的工艺基础。

　　全书共有九章，包括概况、刀工、原料的初加工、原料的熟处理技法、潮菜烹调技法、干货涨发、制汤、蓉胶、潮菜酱碟。其中概况、潮菜烹调技法、干货涨发、制汤部分由黄武营编写；刀工、原料的初加工、蓉胶部分由陈俊生、陈育楷编写；原料的熟处理技法、潮菜酱碟部分由许永强、杨梓莹编写；书中部分实训项目的菜肴照片由方树光提供；另外林玲、林瑛煌、谢嘉华、马素廷四位同学参与全书的文字整理工作；全书最后由黄武营进行统稿。

　　该书可作为以潮菜为教学特色的高等院校、中职学校、培训机构等烹饪专业的教材，也可作为以其他菜系为特色的烹饪院校的教学参考书，还适合热爱潮菜的广大朋友阅读。

　　在教材的编写过程中参考了一些专家的著作和文献，在此特向原作者致以诚挚的谢意；此外，教材的编写还得到了许多同行的热心帮助和指导，在此也深表谢意。由于水平所限，书中错漏在所难免，望专家和读者批评指正，以臻其完善。

编　者

2016 年 6 月

目　录

1

第一章　概述

本章内容： 简述潮菜的基本概念、发展历程、风味特点、发展趋势，推动潮菜发展的主要因素等。

教学目的： 了解潮菜的基础知识，如潮菜的概念、发展历程、风味特点等，对潮菜有基本的认识，方便接下来课程的教学。

教学方式： 理论讲解法。

教学要求： 了解潮菜的相关基础内容，掌握潮菜的历史发展和风味特点。

一、潮菜的基本概念

潮菜，发源于广东潮州，也称潮州菜，是具有鲜明潮汕地域特色、能够体现潮汕饮食文化的地方菜肴，与广府菜、客家菜并称为广义上的"粤菜"。

这里说的"潮州"，是一个历史的地理概念，大致相当于现今广东省东部汕头市、潮州市、揭阳市所管辖的潮语地区，习惯上又称为"潮汕"。潮菜便是在这一地域内形成的地方菜或者说地方美食。

二、潮菜的发展历程

潮菜的历史源远流长，很多学者根据仅存不多的史册资料的记载，对于潮菜形成、发展的阶段达成了共识：一是潮菜初步形成于唐、宋时期；二是潮菜发展于明末清初时期；三是潮菜兴盛于近代特别是在 1861 年汕头开埠以后。

1. 潮菜的雏形阶段

由于资料匮乏，今天要对古代潮菜作明晰的勾勒，已大非易事。但即使如此，从已知文献的点滴记载中，我们仍能粗略地了解到其概貌。

唐代元和十四年（819），韩愈因谏迎佛骨，被贬到潮州。唐代时的潮州还是一个十分荒芜偏僻的地方，在生产技术方面与中原一带相比，还处于相对落后的状态，但在饮食文化方面却已经形成自己的雏形。韩愈的《初南食贻元十八协律》写道："鲎实如惠文，骨眼相负行。蚝相黏为山，百十各自生。蒲鱼尾如蛇，口眼不相营。蛤即是虾蟆，同实浪异名。章举马甲柱，斗以怪自呈。其余数十种，莫不可叹惊。我来御魑魅，自宜味南烹。调以咸与酸，芼以椒与橙。腥臊始发越，咀吞面汗骍。惟蛇旧所识，实惮口眼狞。开笼听其去，郁屈尚不平。卖尔非我罪，不屠岂非情。不祈灵珠报，幸无嫌怨并。聊歌以记之，又以告同行。"从此诗中不难看出，唐代潮州人就以众多海产品为烹饪原料且出现了使用酱碟调味的饮食习俗。

唐代广州司马刘恂在其著的《岭表录异》中记载："枸橼子，形如瓜……南中女子竞取其肉雕镂花鸟，浸之蜂蜜，点以胭脂，擅其妙巧，亦不让湘中人镂木瓜也。"把镂雕过的枸橼子蜜渍、染色，既是妙巧的手艺，也让我们依稀看到当代蜜饯和筵席上拼盘摆件的雏形。《岭表录异》中还记载了当时烹制海蜇、蟹等海鲜的方法，皆很精妙。

宋代大文豪苏东坡有书帖曰："夜饥甚，吴子野劝食白粥，云能推陈致新，利膈益胃。粥既快美，粥后一觉，妙不可言。"苏东坡在吴子野（潮阳人）的劝说下才于夜间食白粥，而实践之后，果然觉得"妙不可言"。这则记载说明了，潮人历来有食白粥的传统，甚至把它当作夜宵并注入了养生的理念。

北宋郑侠到潮州探望其妹，受到潮州官员推诚款待，其《上曹大夫》中有句曰："是日佳筵在连理，宾从翕集何舒徐。大斗所酌真醍醐，珍肴异果琼瑶铺。巨觞潋滟巡数劝，唯恐不醉非宾娱。别有芙蕖对芳席，五干十花图在壁。"说明当时潮州宴会环境多有儒雅之气。

当代潮菜的许多特色，如食料丰富、喜海鲜、多蘸料、重清淡、爱食粥、饮食环境清雅等，在唐宋时已基本具备，与中原和周边地区相较，在某些菜肴的烹制方法和水平方面，已显示出很多优势，这就说明了在唐代潮州的饮食文化已见雏形。

2. 潮菜的发展阶段

唐宋至明代万历年间，随着政治、经济中心的南迁，中原文化大量融入闽粤，使潮汕地区吸收了大量中原饮食文化；同时潮汕海外贸易的兴盛和农业的快速发展，使潮汕人的生活水平迅速提高，这些因素对潮菜的发展起到了很大的推动作用。万历年间，潮州乡贤林熙春在《感时诗》中写道："瓦陈红荔与春梅，故俗于今若浪推。法酝必从吴浙至，珍馐每自海洋来。羊金饰服三秦宝，燕玉妆冠万里瑰。焉得棕裙还怕俗，堪羞大袖短头鞋。"从诗中不难看出，当时潮州的经济比较繁荣，饮食也比较讲究，潮菜也随着潮汕人生活水平的不断提高而进入稳定发展的阶段。

3. 潮菜的兴盛阶段

清乾隆以后，潮州酒楼茶馆风盛，韩江上六篷船饮撰精良，海船出入的樟林港设有通宵达旦的夜市。社会风气的奢靡和消费市场的扩大，自然而然地促进了潮汕美食的发展。1861 年汕头开埠，潮汕的红头船走遍东南亚，樟林港成为中国当时对外贸易的重要港口，潮州商人在海内外进行贸易活动更加频繁，更多的潮汕人移民海外经商，对潮菜的传播与发展起到进一步的推动作用，潮菜也逐渐形成一种具有潮汕地域文化特色的地方菜系。

三、推动潮菜发展的主要因素

1. 历史因素

古潮州有"海滨邹鲁"之称，又是"十相留声"之所。唐代的常衮、杨嗣复、李德裕、李宗闵，宋代的陈尧佐、赵鼎、吴潜、文天祥、陆秀夫、张世杰，这 10 位身居百官之长的"宰相"，有的违反圣意被贬，有的追随流亡皇朝来到潮州。虽有不同的遭遇，带着不同的心情来潮州，但他们都将中原先进的文化带进了潮州，并促使了潮州文化的发展。唐元和十四年（819），刑部侍郎韩愈因谏迎佛骨被贬为潮州刺史，韩愈对潮州最大的贡献就是整顿州学传道起文。唐、宋以后，这片深受中原文化熏陶的潮汕大地文风蔚起，豪贤辈出。据乾隆《潮州府志》统计，终宋一代，潮州得荐辟者 19 人，登进士者 172 人！而且建炎二年（1128）一科联捷者竟有 9 人，一时为之轰动！明代会试登进士者 160 人，其中有同榜八骏之美谈，兄弟联科之佳话，一门三进士之荣耀，乡试中举人者多达 1 088 人。这些文人和官员的往来宴会应酬推动了潮州与各地区饮食文化的交流。此外，大量辞官后回家乡定居的潮籍官员，也带来了中原各地的先进饮食文化和烹调技术，这些因素皆促进了潮菜的发展。加上潮汕地区长期以来人多地少，使潮汕人们逐渐养成"精耕细作"的优良传统。有不少人认为潮菜中"做工精细"的风格特点是受到"精耕细作"优良传统的影响，但是从潮汕的历史文化和官府菜的风格特点来看，潮菜中"做工精细"的特点主要是受到了潮汕历史因素及官府菜风格的影响。

2. 地理因素

潮汕地区位于东经 115 ~ 117 度，北纬 22 ~ 24 度，总面积 10 346 平方公里。潮汕地区属于南亚热带季风气候，境内河流众多，有韩江、榕江、练江贯穿全区，水资源非常丰富，日照时间长，年日照时数达到 2 000 小时，阳光充足，降雨充沛。潮汕地区有漫长的海岸线，有良好的渔场——面积约 3.2 万平方公里，沿海滩涂面积超过 136.9 平方公里，占广东省滩涂面积的 40%。

潮汕地区山地大概占30%，平原占70%。潮汕地区独特而优越的地理环境和气候，形成了丰富的物产资源。其中有已鉴定的植物1 976种，分隶241科；海产资源丰富，海区内有鱼类700种，其中近海鱼类471种，还有甲壳类（主要是虾、蟹）、贝类、棘皮动物、爬行类、藻类等。潮汕地区除了农作物、海产品非常丰富以外，各种山珍野兽、家禽家畜也种类繁多。俗话说"巧妇难为无米之炊"，潮汕丰富的物产资源为潮菜的发展提供了丰富的物质基础，逐渐使潮菜形成了用料讲究的特点。

3. 民俗因素

潮汕花样繁多的美食与潮汕的一些社会特点有密切的联系。潮汕人特别重视岁时节日，所以迎神赛会、庙祀祭拜特别多。旧时，潮汕地区一年中有二三十个节日，各家各户还有已逝祖先的忌日，各乡、各里还有集体的祭拜，基本上每个月有两三个祭拜节日。潮州人祭拜神明的供品，实际上也是人的食品，祭拜者也根据家人的喜好来安排供品，在迎神赛会与庙祀祭拜的时候，人们都会做自己最爱吃的美食作为祭拜活动的供品。在潮汕地区举行迎神庙祀时，通常是以一个自然村或一个宗族为单元，整个村或整个宗族一起举行，因此在举行迎神庙祀时容易形成村与村或宗族与宗族之间的相互攀比。即使是现在，潮汕地区迎神后"食桌"，还经常出现几百台的现象，所以说旧时潮汕迎神庙祀的节日，从某种意义上讲是人们做美食相互攀比的节日。现在大部分潮汕精美小吃都由以前祭拜神明的供品演变而来。潮汕民间祭拜神明的供品，随着时代的进步和科技与经济的发展，经过巧妇或名厨的烹制、研制，最终演变成独具一格的潮汕美食。在旧社会餐饮业尚不够兴盛的情况下，长期如此繁多的祭拜活动，推动了旧时潮菜不断地翻新和变化，使潮菜的发展起到代替酒楼竞争的作用，特别是对潮州小吃、潮州素菜的发展起到很大的推动作用。

4. 经济因素

1861年汕头开埠，潮州的红头船走遍东南亚，樟林港成为中国当时对外贸易的重要港口，同时资本主义和资本势力相继入侵，刺激了潮汕城乡商品经济的发展。商业贸易、交通、科技等领域的迅速发展和城市经济的日趋繁荣，使汕头作为近代都市而崛起。各种频繁的商业活动不但使潮汕地区经济腾飞，也刺激了当时人们餐饮消费的能力。开埠后汕头各种档次的酒楼像雨后春笋般涌现，在19世纪30年代，汕头的陶芳酒楼、擎天酒楼、乾芳酒楼、中央酒楼等都是在当时颇具规模，也是非常出名的高档酒楼。汕头开埠后潮汕地区的经济快速发展，带动了各种档次的酒楼大量出现，酒楼之间的相互竞争促使了潮菜的创新和快速发展。

5. 潮商因素

潮汕是个著名侨乡，现在世界各地的潮汕华侨还有 1 000 多万人。汕头开埠以后，每年成千上万的潮州人从樟林港下海向东南亚等各处迁徙，走出去的潮州人通过自己的勤奋和聪明才智，在海外获得成功后回到家乡投资，给家乡的经济带来了巨大的影响。潮籍侨商在潮汕与世界各地之间的贸易往来，不但给潮汕经济带来了腾飞，也给潮菜带来了各地不同的烹饪原料，如印尼的燕窝、沙茶，泰国的鱼露等；还有不同的烹调技法，如潮菜中的刺身就是吸收日本料理的做法。聪明能干的潮汕华侨也把潮菜带到了世界各地，19 世纪末新加坡的潮菜就很盛行。1895 年潘乃光在一首《海外竹枝词》中描写道："买醉相邀上酒楼，唐人不与老番侔。开厅点菜须庖宰，半是潮州半广州。"潮菜以潮商的贸易往来为载体，不但吸收了各地饮食文化的精华，也积极向海内外进军，从而扩大了潮菜的影响，促进潮菜的迅速发展。1978 年汕头成为改革开放特区，成为重要的海港贸易城市，汕头经济再次腾飞，潮商对潮菜的影响进一步扩大，潮菜从潮籍华侨集聚地和美食天堂——香港向全国各大城市辐射，使其迅速成为国内外食客的新宠。

四、潮菜的发展现状

1. 潮菜在国内的现状

潮州菜现如今可谓风靡全国，味尚清鲜的特点更是受到广大人民的喜爱。近几年来，潮汕厨师经常被外地请去献艺、介绍经验，外地餐饮企业也经常派员来学习。随着潮菜厨师的向外足迹，潮菜声名鹊起。

随着当地消费者的需求和潮汕籍老板外出开设潮州酒楼，先是广州、深圳等省内大城市兴起潮菜，之后迅速扩展到北京、上海、昆明、成都、西安等地，如今潮菜馆已遍布全国各地。潮菜非常讲究突出原味，绝不会因为制作过程的繁杂而丧失原料的主体，所以说，潮菜是一种"永不失主料"主题的菜肴。

潮菜制作人懂得与食客互动，善于采纳食客的观点，而且每在一地落脚，都善于将潮菜的做法与当地的文化相融合，使各地的食客在不知不觉中接受了潮菜，并形成了适合自己生存与发展的特色。因此，才会出现港式潮菜、南洋潮菜与本土传统潮菜共生共荣的发展局面。潮菜的这种境界，是国内任何一种菜系都无法相比的，所以，潮菜能走遍天下。

潮菜蓬勃发展的同时也出现了令人担忧的现状。如今随着国内餐饮业、旅游业的发展，一些潮菜酒楼的规模越来越大，有的酒楼一餐就要烹制近

2 000个菜肴。这样大的工作量，给厨房造成很大的压力，因而一些工序较繁杂的工夫潮菜在这种情况下已无法制作，而可以制作的潮菜，往往采用"大锅菜"的做法。而近观国外潮菜的发展，他们认真制作每一道菜肴，求精不求多，这对继承和弘扬传统潮菜是十分必要的。当然这并不是反对国内潮菜酒楼的规模发展，因为这是餐饮业、旅游业发展的必然结果，只是酒楼在扩大生产规模的同时，也应像国外一样，保留一部分制作精细的潮菜，使潮菜不致因粗制滥造而失去原有风味。

2. 潮菜在国外的现状

潮菜虽然是潮州地区的一个地方风味菜，但它的特点却符合人类饮食发展的大趋势，例如突出菜肴的清鲜、重视菜肴的原汁原味、注重养生等，这使潮菜传播到世界各地，容易为当地人们所接受、喜爱和认可。而且众多移民海外的潮籍华侨，不管到哪里总是喜欢自己的家乡菜，随着社会的进步，潮籍华侨的声望、经济地位、政治地位也逐步提高，他们对潮菜的喜爱和宣传有力地推动了潮菜的发展，使得富有浓郁潮州风味的潮菜得以在国外立足并蓬勃发展。

潮菜在国外的发展具有如下特点：

（1）烹饪方法注重传统。

潮菜在国外发展的最突出特点，便是较为完整地保留了传统潮菜的制作方法及风味特色。现在国外经营潮菜历史比较悠久的老店所制作的潮菜都在很大程度上保留着传统潮菜的制作方法。

（2）酒楼的规模较小。

在国外经营潮菜的酒楼，一般规模不是很大，接待能力只是十几二十台，投资者也很少把资金用于扩大规模，而是把资金用在潮菜文化内涵的挖掘上。如新加坡的李广记潮菜馆，虽然公司资金雄厚，但也没有一家规模庞大的星级酒家，而是开办了很多格调高雅的而且让华侨感觉很温馨的潮菜馆，遍布新加坡各地。

在国外的潮菜馆，能经常见到一些制作工序较细、较繁复的传统潮菜。如马来西亚一潮菜馆中的"香酥芙蓉鸭"和"豆瓣焗鸡"这两款传统潮菜，制作方法均按照传统潮菜的制法，其中"豆瓣焗鸡"依然使用潮菜传统砂锅，一只一只地焗制，这两道菜肴十分精美，口味醇香。

（3）用料非常讲究。

在国外大部分潮菜酒楼烹制菜肴的原材料也非常讲究，秉承了本土潮菜的用料原则，讲究鲜活，讲究季节性，讲究健康养生，而且有不少原料是从潮汕地区出口过去的，潮汕产的鱼露、沙茶、橄榄菜等烹制潮菜用的主辅料也能够找到。

独树一帜的潮菜历史悠久，它发源于潮州，崛起于汕头，成名于港澳，最后饮誉于海内外。现如今，用料广博、原汁原味、清淡巧雅的潮菜已风靡世界，深受各地人民的喜爱，发展前景极佳。

五、潮菜的发展趋势

潮商足迹满天下，潮菜也跟随潮商走向大江南北。就像汉学大师饶宗颐先生所说的："世界上有流水的地方就有潮州人，有潮州人的地方就有潮州菜。"潮菜已走出中国，冲出亚洲，正逐渐走向全世界。2010年潮菜作为粤菜代表入驻上海世博会，2012年潮菜又代表中餐亮相韩国丽水世博会，在世界各地的游客前大放光彩，将潮州菜的发展推向一个前所未有的高度。从市场经济来看，潮菜已经成为推动潮汕经济发展的优质资源，成为中国餐饮发展的名片。

但随着社会经济的快速发展与人们生活水平的不断提高，消费者对饮食的要求逐渐提高，要求菜肴口味多元化，要求菜肴更加精致、营养、健康，要求菜肴性价比更高。这无疑会对潮汕美食的进一步发扬光大提出许多新要求，潮菜面临着很大的挑战。因此，潮菜应加强对潮汕传统饮食文化的挖掘和制作工艺的保护，提高其文化内涵，包括挖掘菜肴文化典故、分析菜肴营养等。提高潮菜的文化内涵有利于向消费者提供精神文明的享受和创建潮菜文化品牌。

六、潮菜的特点

1. 善于烹制海鲜

潮汕地区濒临南海，具有漫长的海岸线，海产资源丰富。海区内有鱼类700种，其中近海鱼类471种，还有甲壳类（主要是虾、蟹）、贝类、棘皮动物、爬行类、藻类等。丰富的海产资源造就潮汕人"靠山吃山，靠海吃海"的生存规律，不同的海产品因物制宜，经过不同方法的精心烹制，使各道菜肴鲜而不腥，清而不淡，美味可口。

2. 用料讲究，做工精细，口味崇尚清鲜，重视原汁原味

潮菜对原料很讲究，要求用活蹦乱跳、新鲜生猛的海鲜，刚宰杀的禽肉、兽肉和从田园里新摘来的"绿色"蔬果。潮菜在烹饪过程中，讲究尽量保持每一种原料原有的独特风味，使菜肴凸显原汁原味的特色。这种"原汁原

味"，更多的是通过清淡体现出来的，但潮菜所崇尚的清淡并不是那种简单的淡而无味，而是那种源自自然的清中取味。潮菜的这种清淡也许就是俗语所说的"大味必淡"的境界。潮汕历史上受到较深的儒学熏陶，加上人多地少，造就了潮汕人们"精耕细作"的传统。潮菜受到了官府菜的影响和"精耕细作"优良传统的熏陶，逐渐形成做工精细的风格。

3. 素菜特色鲜明

潮菜有"三多"，其一便是素菜多变。潮州素菜不同于佛门斋菜，其最大特点就是"素菜荤做，见菜不见肉"。把素菜与肉类一起烹调，使素菜的芳香与肉汁的浓香渗在一起，浑然天成，在上菜时把肉去掉做到"见菜不见肉"，这就是潮州素菜令人百尝不厌、回味无穷的原因。

4. 佐料品种多样化

潮菜一般不与过多的佐料混合烹制，而是将佐料作为酱碟任客人选用，上至筵席菜肴，下至地方风味小吃，每道潮菜基本上都配有各自的酱料，口味有酸、甜、香、辣、咸等。潮菜酱料多种多样，但各有讲究，一方面因菜而异，选择与菜肴相得益彰的酱碟佐料，如生炊龙虾配橘油，蒸鱼配豆酱，牛肉丸配辣酱等；另一方面因人而异，由顾客选择自己喜爱的酱料口味，一道菜便有多种不同味道，令人赞叹不已。

5. 注重食疗养生保健

中国传统医学的食疗养生理论是"医食同源""药食同用"。潮菜虽然无药膳之名，却有药膳之实。例如，橄榄炖猪肺有祛湿清肺的功效，柠檬炖鸭可以防止心血管疾病，从而表现出潮菜"有药性无药实"的烹饪特色。潮州汤菜讲究主料的搭配，常加入能够发挥滋阴、清补、祛湿、养气养血等功效的食药材，且讲究季节性的食疗养生效果，如春季的清热祛湿、夏季的清热祛暑、秋季的清燥、冬季的滋补。

如果只看潮菜的这五个特点，潮菜和其他菜系有很多相似之处，但这又不能纯粹地遵循相加法则，潮菜将这些特点凝于一身，显现出潮菜的整体形象，从而区别于其他菜系，展现出独特的饮食文化魅力。

第二章　潮菜的刀工技术

本章内容： 刀工用具种类及其使用，刀法种类及其运用，拓展：混合花刀的运用。

教学目的： 让学生掌握刀的种类与使用、刀法种类及运用，使他们能在实践中熟练掌握刀工工艺。

教学方式： 由教师讲述刀工技术的基本理论，通过实训操作示范各类刀法并让学生反复练习来掌握刀工的操作方法。

教学要求： 1. 了解刀工用具种类及其使用。

2. 重点了解刀法种类及其运用。

第一节　刀工用具的种类及刀工使用

一、刀具的种类、使用及保养

（一）刀具的种类及使用

厨师所用的刀种类很多，一般可按其用途和形状来进行分类。

1. 按刀具的用途

一般可分为批刀、斩刀、劈刀、前批后斩刀、其他类刀（切刀、刮刀、剪刀、尖刀、镊子刀等）。

（1）批刀，又称片刀。批刀包括切片刀和桑刀，但两者材质和形状有所不同。

性能：重约 500 克，轻而薄，刀刃锋利，尖劈角小，钢质，硬度大。

用途：适宜切或片精细的原料，如鸡丝、火腿片、肉片等。但不可切带骨的或硬的原料。

（2）斩刀，又称砍刀、骨刀、厚刀。

性能：重约 1 000 克，背厚，刀口呈三角形。

用途：专用来斩带骨的原料。

（3）前批后斩刀，又称文武刀。

性能：重约 750 克，前部近于批刀，后部近于斩刀，刀口一面平直一面斜。适用范围较广。

用途：前面可用于切精细的原料，后面可以斩带骨的原料，但只能斩细骨、软骨，如鸡、鸭骨，不能斩较大的硬骨。

2. 按刀具的形状

一般分为圆头刀、方头刀、马头刀、尖头刀、斧形刀等。

（二）刀的保养

刀要保持锋利，才能使刀工处理后的原料整齐、平滑、美观，不会互相粘连，因此平时要注意对刀的保养。每次用刀后必须揩擦干净放在刀架上，防止生锈，而且必须懂得磨刀的方法。现将刀的一般保养方法叙述如下：

（1）用刀后必须用干净的布抹干刀身两面的水分。特别是切咸味或带有黏性的原料如咸菜或藕、菱角等后，黏附在刀两侧的鞣酸容易氧化使刀面发黑，所以用后要用水洗净并抹干。

（2）刀使用后放在刀架上，刀刃不可碰硬的东西，避免碰伤刀口。

（3）在气候潮湿的季节，刀用完后最好在刀口涂上一层植物油，以防生锈和腐蚀，影响使用。

二、刀工的基本操作

刀工的基本操作主要是指有关刀工操作的一些姿势，主要包括刀工姿势与磨刀方法。

（一）刀工姿势

刀工姿势是从事刀工操作时的"功架"，是厨师的一项重要基本功。内容包括：站案姿势、握刀手势、携刀姿势、放刀位置。一招一式，均有着严格的要求。

1. 站案姿势

站案姿势主要指的是站立姿势。操作时，两脚自然地分立站稳，上身略向前倾，前胸稍挺，不能弯腰曲背，两手自然打开与身体成45°的夹角，目光注视两手操作部位，身体与砧板保持一定距离。

初学刀工，容易出现许多错误动作，如歪头、耸肩、弓背、哈腰、手动身移、重心不稳、身体三曲弯。这些不良动作不仅不雅观，久而久之还会使自身肺叶受压，影响体形的正常发育和内脏器官的健康，甚至引起职业性的生理变化。同时，这些不良动作也会影响刀技的正常发挥和施展。

正确的站案姿势具体来讲有五个要点：

（1）身体保持自然正直，头要端正，胸部自然稍含，双眼正视两手操作部位。

（2）腹部与砧板保持约10厘米（一拳头）的间距。

（3）双肩关节自然放松，不耸肩，不卸肩。砧板放置的高度以身高的一半为宜。

（4）站案脚法有两种：一是双脚自然分立，呈外八字形，两脚尖分开，与肩同宽；二是双脚成稍息姿态，即丁字步，左脚略向左前，右脚在右方稍后位置。这两种脚法，无论选择哪种，都要始终保持身体重心垂直于地面，以重心分布均匀，站稳为度。这样有利于控制上肢施力和灵活用力的强弱及方向。

（5）两手自然打开，与身体成45°角。

2. 握刀手势

（1）右手握刀。在刀工操作中，握刀手势与原料的质地和所用的刀法有关。使用的刀法不同，握刀的手势也有所不同。一般都以右手握刀，握刀部位要适中，大多以右手大拇指与食指捏着刀身，其余三指用力紧紧握住刀柄，握刀时手腕要灵活而有力。

（2）刀工操作中主要依靠腕力。总的握刀要求是稳、准、狠，应牢而不死、硬而不僵、软而不虚。练到一定工夫，便能轻松自然，灵活自如。

（3）左右手的配合训练。根据物料性能的不同特点，左手稳住物料时用力的大小也有所不同，不能一律对待。左手稳住物料移动的距离和移动的快慢须配合右手落刀的快慢，两手应紧密而有节奏地配合。切物料时左手呈弯曲状，手掌后端要与原料略平行，利用中指的第一关节抵住刀身，使刀有目的地切下。抬刀切料时，刀刃不能高于指关节，否则容易将手指切伤。

（4）指法及其运用。刀工练习中最常用的是直刀法中的切。用刀指法有连续式、间歇式、交替式、变换式、平铺式等。

①连续式：连续式起势为左手五指合拢，手指弯曲呈弓形，用中指第一关节紧贴刀膛，保持固定的手势，向左后方连续地移动。刀距大小可根据需要灵活调整。这种指法中途很少停顿，速度较快，主要适用于切割各种脆性原料。

②间歇式：间歇式起势与连续式指法相同。移动时四个手指一同朝手心方向移动。当行刀切割原料尚有4~6刀时，手势呈半握拳状态，稍一停顿，重心点就落在手掌及大拇指外侧部位。然后，其他四个手指不动，手掌微微

抬起，大拇指相随，向左后方移动。恢复自然弯曲状态时继续行刀切割原料，如此反复进行。它的适用范围较广，切割动物性、植物性烹饪原料时均可采用。

③交替式：交替式起势手指呈自然弯曲状态，以中指紧贴刀膛，并保持固定的手势顶住刀膛，轻按原料不抬起。食指、无名指和小拇指交替起落（起落的高度均在3毫米左右），大拇指外侧做支撑点，手掌轻贴原料，整个手的重心全部集中在大拇指外侧指尖部位。手掌向左后方向缓慢移动，并牵动中指和其他三个手指一起向左后方移动。整个动作要连贯，很少停顿。这种指法难度较大，不易掌握，但它有很多优点：动作小、节奏感强，有较高的稳定性，控制刀距较为准确，切出的原料厚度均匀。这种指法主要适用于切肉丝。当然，切制其他原料或形状时，也可采用此种指法。

④变换式：变换式是综合利用或交换使用连续式、间歇式、交替式的指法。有些韧性的动物性烹饪原料，质地老、韧、嫩联结为一体，单纯使用一种指法有时难以奏效，保证不了切制出的原料达到均匀一致的效果。因此，这就需要视原料质地的不同，灵活运用各种指法从而有效地控制刀距。

⑤平铺式：在平刀法或斜刀法的"片"中常用。大拇指起支撑作用，或用掌根支撑，其余四指自然伸直张开，轻按在原料上。右手持刀片原料时，四指还可感觉片的状态并协助右手控制好片的厚薄，右手一刀片到底后，左手四指轻轻地把片好的原料扒过来。

3. 携刀姿势

携刀时，右手紧握刀柄，自然向下，紧贴腹部右侧。切忌刀刃向外，手舞足蹈，以免误伤他人。

4. 放刀位置

操作完毕后，刀刃朝外，放置在砧板中央。前不出刀尖，后不露刀柄，刀背、刀柄都不应露出砧板。有几种不良的放刀习惯，如将刀刃垂直朝下剁进砧板，或斜着将刀跟剁插进砧板等。这些不良动作既伤刀，又伤砧板，应当避免。

（二）磨刀石的种类、用途及磨刀方法

1. 磨刀石的种类及用途

（1）粗磨石。用天然黄沙石料制成。沙粒粗、质地松而硬，常用于新刀开刃或磨有缺口的刀。

（2）细磨石。用天然青沙石料制成。颗粒细腻、质地坚实，能将刀磨快而不伤刀刃。

（3）油石。属人工磨刀石，采用金刚砂人工制成，成本高，粗细皆有，

一般用于磨硬度较高的刀具。

2. 磨刀姿势

磨刀的准备姿势：磨刀时，先将磨刀石固定于四角木架、桌子、水池沿边上，高度约为人身高的一半，以操作方便、自如为准。磨刀石下最好垫一块抹布，以防磨刀石与台面打滑。磨刀时两脚分开，收腹，胸部略向前倾，以站稳为度。

3. 磨刀方法

（1）前推后拉法。也可叫平磨法，是行业中最常见，也是最科学的一种磨刀方法。先在刀面和磨刀石上淋上清水，将刀刃紧贴石面，刀背略翘起，与磨刀石的夹角约为35°（角度可以根据刀刃的厚度进行调整，厚的角度大，薄的角度小），向前平推至磨刀石尽头，再向后提拉。平推平磨，用力均匀，切不可忽高忽低。当磨刀石面起砂浆时，须淋点水再磨。磨刀时刀膛也会磨到，但重点在刀口锋面。刀口锋面的前、中、后端部位都要均匀地磨到。磨完刀具的一面后，再换手持刀磨另一面，两面磨的次数应基本相等，这样才能保证刀的平直锋利。

（2）竖磨法。刀柄向里，右手持刀柄，刀背向右，左手贴在膛面上，将刀刃紧贴石面向前平推至磨刀石尽头，再向后提拉，平推平磨，用力均匀。竖磨法比较适合片刀等刀刃比较薄的刀具。

（3）烫刀法。应急时的一种磨刀法，右手持刀，翻腕将刀的两面在磨刀石上烫磨，这种方法较为迅速，刀能较快地被磨锋利，但不如前推后拉法磨出的刀刃锋利持久。

4. 磨刀易出现的一些问题

（1）从刀的形状看。一把好用的刀，应两面对称，刀刃近似一条直线，与两端大致垂直。磨刀方式不当会使得刀具变形。由于磨刀方式不当造成的变形有以下几种。

罗汉肚：刀身中央呈大肚状突出，是前后两端磨得过多，中间相对磨少了所致；

月牙口：刀身中部向里凹进，是刀的中部磨得过多或用力过大所致；

偏锋：刀刃不是位于刀两面的正中，是刀的两面磨得不匀所致；

毛口：刀刃呈锯齿状或翻转，是刀刃研磨过度、磨刀石较粗糙所致。

（2）从磨刀石的形状看。正确的磨刀方法应该使磨刀石也经久耐用，每次磨完刀，磨刀石应是平整的，这样也方便以后的磨刀。用前推后拉法磨刀，应注意每次推到底及拉到底，否则磨刀石中部很快会下凹，影响后面的使用。用竖磨法或烫刀法则应注意经常移位，不要老在磨刀石的一个部位磨。

5．检验磨刀效果

（1）刀刃朝上，两眼直视刀刃，如见一道看不出反光的细线，就表明刀已磨锋利了；如有白痕或一条反光的白色细线，则是刀刃的不锋利之处。

（2）刀刃在砧板上轻推，如打滑，则表明刀刃还不锋利；如推不动或有涩感，则表明刀刃锋利。

（3）把刀刃放在大拇指上轻轻拉一拉，如有涩感，则表明刀刃锋利；如果感觉光滑，表明刀刃还不够锋利。

（4）刀面平整，无卷口和毛边。

（5）两侧对称，重量均等。

（三）砧板的使用与保养

1．砧板种类

砧板又称菜墩，是刀工操作时的衬垫工具。按材料分，可分为木质砧板和塑料砧板，行业中多用木质砧板。木质砧板的材料有橄榄木、银杏木、楠木、柳木、榆木、椴木、杨木、栗木、铁木等。

2．砧板选择

砧板的材料要求树木质地坚实，木纹紧密，弹性好，不损刀刃，树皮完整，不结疤，树心不空，不烂，颜色均匀，没有花斑。

优质的砧板应具备以下特点：

（1）抗菌效果好。银杏木和紫椴木有较好的抗菌性。

（2）防凹能力强。银杏木、榆木、柳木木质坚固且有韧性，既不伤刀又不易断裂，经久耐用，防凹能力强。

（3）能抗裂减震。应选弹性好的木材。

3．砧板的保养

（1）新砧板要加工定形，修整边缘，再用盐水浸泡、蒸煮，使木质紧缩，组织细密。树皮损坏时要用金属加固，防止干裂。

（2）砧板在使用时要旋转使用，防止出现凹凸不平的状况，若出现，应及时修整。

（3）砧板长期不用时，应清洗干净，竖立放稳；也可用洁布盖住，放在通风处，防止发霉、变质。禁止在阳光下曝晒。

第二节　刀法的种类与运用

刀法就是指使用不同的刀具，将原料加工成特定形状时采用的各种不同的运刀技法，即运刀的方法。刀法是随着人们对各种原料加工特性的认识不断深化发展起来的。由于烹饪原料的种类不同，烹调的方法不同，原料呈现的形状就会有所不同，各种形状不可能都是用同一种运刀技法完成的，因此就出现了多种刀法，这些刀法构成了刀法体系，见下表。

刀法体系表

普通刀法						特殊刀法
标准刀法					非标准刀法	1. 雕 2. 刻 3. 挖 4. 旋 5. 挑 6. 按压 7. 划
直刀法	平刀法	斜刀法	弯刀法	混合刀法		
1. 切法 （1）直切 ①直切 ②滚料切 （2）推切 （3）拉切 （4）推拉切 2. 剁法 （1）刀口剁 （2）刀背剁 3. 斩法 （1）斩 ①直斩 ②拍斩 （2）劈 ①直刀劈 ②跟刀劈	1. 平片法 2. 推片法 3. 拉片法 4. 推拉片法 5. 滚料片法	1. 正斜刀法（左斜刀） 2. 反斜刀法（右斜刀）	1. 顺弯刀法 2. 抖刀法	1. 麦穗花刀 2. 菊花花刀 3. 卷形花刀 4. 球形花刀	1. 起法 2. 刮法 3. 撬法 4. 拍法 5. 削法 6. 剖法 7. 戳法	

　　根据加工用刀的不同，可以将刀法分为普通刀法和特殊刀法两大类。普通刀法是指使用普通工具进行刀工加工的方法，特殊刀法是指使用特殊工具进行刀工加工的方法，如食品雕刻。

　　普通刀法可分为标准刀法和非标准刀法两类。标准刀法是指刀身与砧板平面有一定角度的运刀方法，有直刀法、平刀法、斜刀法、弯刀法以及混合刀法五大类。非标准刀法包括所有刀身与砧板平面不存在规律性角度的运刀方法，如起法、刮法、撬法、拍法、削法、剖法、戳法等。

一、标准刀法

（一）直刀法

直刀法就是在操作时刀口朝下，刀背朝上，刀身向砧板平面垂直运动的一种运刀方法。直刀法操作灵活多变，简便快捷，适用面广。由于原料性质不同，形态要求不同，直刀法又分为切法、剁法、斩法等几种方法。

1. 切法

切法是指用左手按稳原料，右手持刀近距离从原料上部向原料底部垂直运动的一种直刀法。切时以腕力为主，小臂用力为辅进行运刀。该切法一般适用于加工植物性原料和动物性的无骨原料。切的刀法基本上有以下几种。

（1）直切。直切是运刀方向直上直下、着力点布满刀刃、前后力量一致的切法。运刀方法如图 2 - 1 所示。

图 2 - 1　直切

直切是指把原料固定在砧板不动的切法。在直切过程中如果运刀的频率突然加快，就会产生被称作"跳刀"的情况。直切适用于脆性的植物性原料，如笋、冬瓜、萝卜、土豆等。直切的操作要领如下：

①持刀稳、手腕灵活，运用腕力稍带动小臂。

②按稳所切原料。一般是左手自然弓指（即手指弯曲弓起），用中指指背抵住刀身，并与其余手指配合，根据所需原料的规格（长短、厚薄），以蟹爬姿势不断退后移动；右手持稳切刀，运用腕力，刀身紧贴着左手中指指背，

并随着左手移动，以原料规格的标准取间隔距离，一刀一刀跳动直切下去。

③两手必须密切配合。在每刀间距相等的情况下，从右到左匀速运刀。刀口不能偏内斜外，提刀时刀口不得高于左手中指第一关节，否则容易造成断料不整齐，或者切伤手指。

练习直切时要注意先稳，再好，后快；所切的原料不能堆叠太高或切得过长，如原料体积过大，应放慢运刀速度。

（2）推切。推切是指刀的着力点在中后端，运刀方向由刀身的后上方向前下方推进的切法。运刀方法如图2-2所示。

图2-2　推切

推切适用于切纤维细嫩和略有韧性的原料，如猪肉、牛肉、动物的肝和肾等。推切的操作要领如下：

①持刀稳，靠小臂和手腕用力。从刀前部分推到刀后部分时，刀刃才完全与砧板吻合，一刀到底，一刀断料。

②进刀轻柔有力，下切刚劲，断刀干脆利落，刀前端开片，后端断料。

③对一些质嫩的原料，如动物的肝和肾等，下刀宜轻；对一些韧性较强的原料，如猪肚、牛肉等，运刀要有力。

推切时注意估计下刀的角度，刀口下落时要与砧板吻合，保证推切断料的效果，还要随时观察效果，纠正偏差。

（3）拉切。拉切又称"拖刀切"，指刀的着力点在前端，运刀方向由前上方向后下方拖拉的切法。运刀方法如图2-3所示。

图 2 - 3   拉切

拉切适用于体积薄小、质地细嫩并易碎裂和需要保型的原料，如鸡胸肉、豆腐、青瓜等。

拉切的操作要领为：拉切时，进刀轻轻向前推切一下，再向后下方一拉到底，即所谓"虚推实拉"，这样做有利于使原料断纤成形。或先用前端微剁后再向后方拉切，其断料的效果相同。

（4）推拉切。推拉切又称"锯切"，是运刀方向前后来回推拉的切法。运刀方法如图 2 - 4 所示。

图 2 - 4   推拉切

推拉切适用于质地坚韧带筋或松软易碎的原料，如牛筋、熟火腿、面包等。推拉切的操作要领如下：

①下刀要垂直，不能偏里向外。如果下刀不直，不仅切下来的原料形状厚薄大小不一，还会影响后面下刀的部位。

②下刀宜缓，不能过快。如下刀过快，会影响原料成形，还容易切伤手指。推拉切时，要把原料按稳，一刀未断时不能移动，因为推拉切时刀要前推后拉，如果原料移动，运刀就会失去依托，影响原料成形。

要注意能一刀切断原料就应该用推切而不能用推拉切的方法（易碎烂的原料例外），反之，也不能用推切。采用推拉切时，如不能使原料形状完整，则应增加原料厚度。

2. 剁法

剁法是指刀垂直向下，连续快速地斩碎或敲打原料的一种直刀法。为了提高工作效率，剁法通常是左右手持刀同时操作，这种剁法也称为排斩，可分为刀口剁和刀背剁两种。运刀方法如图 2－5 所示。

图 2－5　剁法

剁法适用于无骨的韧性原料，可将原料制成蓉状或末状，如肉馅、蒜蓉等。剁法的操作要领如下：

（1）一般两手持刀，保持一定的距离，刀与原料垂直。

（2）提刀不宜过高，运用腕力，用力以刚好断开原料为佳。

（3）有节奏地匀速运力，同时左右上下来回移动，并酌情翻动原料。

注意事项如下：

（1）原料在剁之前，最好先切成片、条、粒或小块后再剁，这样容易使原料大小均匀，不粘连。

（2）可不时用水将刀浸湿再剁，防止肉粒飞溅或避免肉粒粘刀。

（3）剁时注意用力大小，以能断料为度，避免刀刃嵌入砧板。

3. 斩法

斩法是指从原料上方垂直向下运刀猛力断开原料的直刀法。斩法根据运刀力量的大小（举刀高度）分为斩和劈两种。运刀方法如图2-6所示。

图2-6　斩法

（1）斩。斩适用于带骨但骨质并不十分坚硬的原料，如鸡、鸭、鱼、排骨等。斩又可分为直斩和拍斩两种。

直斩指一刀斩下直接断料的刀法。直斩的操作要领如下：

①以小臂用力，刀提高与前胸平齐。运刀时看准位置，落刀敏捷、利落，保证原料大小均匀。斩的力量以能一刀两断为准，不能复刀，复刀容易产生碎肉和碎骨，影响原料形状的整齐美观。

②斩有骨的原料时，肉多骨少的一面在上，骨多肉少的一面在下，使带骨部分与砧板接触。这样容易断料，同时又可避免将肉斩烂。

拍斩是将刀放在原料所需要斩断的部位上，右手握住刀柄，左手高举在刀背上用力拍下去从而使刀将原料斩断的一种刀法。拍斩一般适用于圆形、体小而滑的原料，因为滑的原因，需要落刀的部位就不易控制，所以把刀固定在落刀的位置上，以手用力拍刀将原料斩断，如斩鸡头、鸭头等。

（2）劈。对于粗大或坚硬的骨头，应使用劈的刀法，如劈猪头、龙骨等。劈又可分为直刀劈和跟刀劈两种。

直刀劈是将刀对准原料要劈的部位用力向下直劈的刀法，一般适用于体积较大的原料，如劈整个的猪头、火腿等。直刀劈的操作要领如下：

①右手的大拇指与食指必须紧紧地握稳刀柄，将刀对准原料要劈的部位直劈下去。

②用手腕之力持刀，高举到与头部平齐，用臂膀之力劈原料。下刀要准，速度要快，力量要大，以一刀劈断为好，如需第二刀，则第二刀必须劈在同一刀口。

③左手按稳原料，应离开落刀点一定距离。如原料不能按稳，则最好将手拿开，只用刀对准原料劈断即可。

④要充分考虑安全因素，不能乱劈，防止砍伤或震伤手指、腕背。

跟刀劈是指将刀刃先嵌入原料要劈的部位，刀与原料一齐提起落下的一种刀法。跟刀劈一般适用于下刀位不易掌握、一次不易劈断且体积不大的原料，如猪肘、鱼头等。

（二）平刀法（又称片刀法）

平刀法是指运刀时刀身与砧板基本上呈平行状态的刀法。平刀法能加工出件大形薄且厚薄均匀的片状原料，适用于无骨的韧性原料、软性原料或者是煮熟回软的脆性原料。按运刀的不同手法，可将其分为平片法、推片法、拉片法、推拉片法、滚料片法五种。

1. 平片法

平片法是指将原料平放在砧板上，刀身与砧板面平行，刀刃中端从原料的右端一刀平片至左端断料的平刀法。运刀方法如图2-7所示。

图2-7 平片法

平片法适用于无骨软性细嫩的原料，如豆腐、猪血、肉冻等。平片法的操作要领如下：

（1）持平刀身，进刀后要控制好所需原料的厚薄，要一刀平片到底。

（2）左手按料的力度要适当，不能影响平片时刀身的运行，右手持刀要稳，平片速度以不使原料破烂为准。

平片时注意刀身不能抖动，否则断面不平整。

2. 推片法

推片法是指将原料平放在砧板上，刀身与砧板面平行，刀刃前端从原料的右下角平行进刀，然后由右向左将刀刃推入片断原料的刀法。运刀方法如图2-8所示。

图2-8 推片法

推片法适用于体小、脆嫩的植物性原料，如萝卜、土豆等。推片法的操作要领如下：

（1）持刀稳，刀身始终与原料平行，推刀果断有力，一刀断料。

（2）左手手指平按在原料上，力度适当，既可固定原料又不影响推片时刀的运行。

（3）推片时刀的后端略略提高，着力点在后，由后向前（由里向外）片。

操作时左手按料的食指与中指应分开一些，以便观察原料的厚薄是否符合要求，同时要掌握好每片的厚度，随着刀片的推进，左手的手指应稍微翘起。

3. 拉片法

拉片法是将原料平放在砧板上，刀身与砧板平行，刀刃后端从原料的右上角平行进刀，然后自右向左将刀刃推入，运刀时向后拉动片断原料的刀法。运刀方法如图2-9所示。

图 2 - 9　拉片法

拉片法适用于体小细嫩的动植物性原料或脆性的植物性原料，如猪肝、莴笋、豆腐等。拉片法的操作要领如下：

（1）持刀稳，刀身始终与原料平行，出刀果断有力，一刀断料。

（2）拉片时着力点放在刀的前端，片进后由前向后（由外向里）片下来。

4. 推拉片法

推拉片法是推片法与拉片法合并使用的刀法。运刀方法如图 2 - 10 所示。

图 2 - 10　推拉片法

推拉片法适用于面积较大、韧性较强、筋较多、密度较大的原料，如鸡肉、猪肉、素火腿等。由于推拉片法要在原料上一推一拉反复几次，持刀起刀时更要平稳，刀始终与原料平行，随着刀的片进，改左手为左掌心按稳原料。推拉片法的操作要领如下：

（1）从原料上面起片。以左手的食指按着原料，掌握其厚薄。此法技术较高，熟练后可以加快片切速度，但原料成形不易平整，适用于硬、脆的原料，如萝卜、土豆等。

（2）从原料底部起片。从原料底部起片时以砧板的表面为依据掌握厚薄，此法应用较多，容易片得平整，但原料的厚度不易掌握，适用于无骨较软的原料，如鸡胸肉、里脊肉等。

5. 滚料片法

滚料片法是运用推拉刀法边片边展滚原料的刀法。

滚料片法适用于把小型原料加工成片状，如把角螺肉、鸡心等片成片状。

滚料片法的操作要领与推拉片法基本相同，但是用手指按压固定肉料相对较为灵活。

（三）斜刀法

斜刀法指刀身与砧板面呈斜角的一类刀法，能使形薄的原料成形时增大表面或美化原料形状。按运刀的不同手法，斜刀法分为正斜刀法和反斜刀法两种。

1. 正斜刀法

正斜刀法又称左斜刀或内斜刀，指刀背向右、刀口向左，刀身与砧板面呈锐角并保持角度斜切断料的刀法。运刀方法如图 2 - 11 所示。

图 2 - 11　正斜刀法

正斜刀法适用于将质软、性韧、体薄的原料切成斜形、略厚的片或块，如切鱼肉、猪肾、鸡肉等。正斜刀法的操作要领如下：

（1）运用腕力，进刀轻推，出刀果断。

（2）把原料放在砧板上，左手按于原料被片下的部位，右手有节奏地运动配合，一刀一刀片下去。

操作时注意对片的厚薄、大小及刀的斜度的掌握，主要依靠眼光注视两手的动作和落刀的部位，右手稳稳地控制刀的斜度和方向，随时纠正运刀中的误差。

2. 反斜刀法

反斜刀法又称右斜刀、外斜刀，是指刀背向左、刀口向右，刀身放平略呈偏斜，刀片进原料后由里向外运动的刀法。运刀方法如图 2 - 12 所示。

图 2 - 12　反斜刀法

反斜刀法适用于脆性的植物性原料和体薄、易滑动的动物性原料，如鱿鱼、青瓜。反斜刀法的操作要领如下：

（1）左手呈蟹爬状按稳原料，以中指抵住刀身，右手持刀，使刀身紧贴左手指背，刀口向外，刀背向内，逐刀向外下方推切。

（2）左手有规律地配合向后移动，每次移动的距离应相等，使切下的原料在形状、厚薄上均匀一致。

（3）运刀时，手指随运刀的角度变化而抬高或放低。

（4）运刀角度的大小应根据所片原料的厚度和对原料成形的要求而定。

（5）操作时注意尽可能一刀断料，提刀时，刀口不能超过左手中指的第一关节，否则容易切伤手指。

（四）弯刀法

弯刀法是指运刀时刀身与砧板面之间的夹角不断变化的刀法。弯刀法能切出弧形表面，主要用于修改原料及美化原料形状，如改切笋花、姜花、松花蛋、鲍鱼片等。弯刀法又可分为顺弯刀法和抖刀法两种。

1. 顺弯刀法

顺弯刀法是指运刀时刀口从原料的右上方向原料的左下方作弧线运动的刀法。它主要适用于改切各种花式的坯型。顺弯刀法的操作要领如下：

（1）下刀前对原料的图形要做到心中有数，进刀准确，成形美观。

（2）运刀时要平稳，两手要配合好，使刀路平滑，形状有规则。

（3）根据形状的需要，运刀时刀身可能有平刀、斜刀和直刀的变化，也可能只有不同角度的斜刀运刀的变化。无论弧线形状要求如何，刀身的变化都要平缓，以便使刀路圆滑。

2. 抖刀法

抖刀法与直片法基本相似，但不同的是片进后要上下抖动，刀口呈波浪形前进，使切面呈现锯齿状花纹。抖刀法一般用于美化原料形状，适合软性的原料，如松花蛋、鲍鱼片等。

抖刀法的操作要领如下：放平刀身，左手按稳原料，右手握刀，片进原料后，从右向左移动，移动时上下抖动。抖动时用力均匀。

（五）混合刀法

混合刀法是直刀法和斜刀法两者混合使用的刀法，也称为"锲""花刀"。混合刀法主要用于韧中带脆的原料，如家禽的肺、肝，家畜的肾、肚、腰以及鱿鱼、乌鱼和整条的鱼。混合刀法的作用有三：一是使原料入味；二是使原料易熟，保持鲜嫩；三是可使原料在制熟后形成各种花纹。

混合刀法的过程是先批后切。批、切的刀纹要深浅一致，距离相等，整齐均匀，互相对称。由于混合刀法不同，加热后所形成的形态也不一样。

1. 麦穗花刀

此刀法先在片形原料的表面剞成平行的直刀纹，再转一个角度剞上斜刀纹，两条刀纹相交成人字形；两种剞法的刀深均为原料厚度的4/5。然后再改刀成细长三角形的块。处理后的原料经烹调后基部卷曲，外部呈麦穗形。此种刀法常用于处理腰子、鱿鱼等。

实训　炒麦穗花鱿

一、实训目的

（1）通过该实训的训练，让学生认识及掌握"炒"的烹调技法。

（2）此实训讲究刀工，通过该实训的训练，让学生掌握混合刀法"麦穗花刀"这一刀工技能，训练出扎实烹饪基本功。

二、实训材料与用具

主料：鲜鱿鱼650g。

辅料：熟鲜笋肉50g、浸发香菇20g、红辣椒10g、葱段20g、青椒100g。

调料：味精2g、鱼露7g、湿生粉8g、胡椒粉1g、香麻油3g、花生油少量。

用具：刀、砧板、炒锅、炒勺、筛网、筷子、汤匙、碗。

三、工艺流程

选料→清洗→切配→焯水→拉油→对汁芡→爆炒→调味→装盘。

四、制作方法

（1）将鲜鱿鱼洗净后去掉内脏和膜，铺平，在鱿鱼表面先剞上一道道平行的直刀纹，间隔约3mm，再转一个角度剞上一道道的直刀纹，确保两条刀纹相交成人字形；两种剞法的刀深均为原料厚度的4/5。然后再将其切成细长三角形块备用，将香菇、红辣椒、青椒洗净后切成细长三角形块，熟鲜笋肉切成笋花备用。

（2）取一小碗，加入湿生粉、清水或上汤拌匀，再加入味精、鱼露、胡椒粉、香麻油调成对碗芡汁备用。

（3）将改刀好的鱿鱼焯水，捞起沥干水分，再倒入油温为150℃的油锅中拉油，捞起沥干油备用。

（4）将改刀好的青椒、笋花分别拉油备用。

（5）用中火烧热炒锅，加入少量油，放入葱段、香菇、红辣椒炒香，放入鱿鱼、青椒爆炒20秒，浇入对碗芡汁翻炒均匀，起锅装盘即可，成品效果如图2－13所示。

图2－13　炒麦穗花鱿

五、注意事项

（1）鱿鱼要处理干净。进行麦穗花刀时，要注意正刀的深度和侧刀的角度。

（2）控制油温。拉油时，油温控制在四五成热。时间不能过长，否则影响鱿鱼口感。

2. 菊花花刀

此刀法先从原料的一端将原料片成平行的薄片（不片到底），深度约为原料的4/5，另一端1/5连着不断，然后再转90°垂直向下切，使原料厚度的4/5呈丝条状，另外1/5仍然相连而成块状，加热后即卷曲成菊花形。

实训　橙汁菊花鱼

一、实训目的

（1）此菜肴是菊花花刀的代表菜肴之一，有利于训练菊花花刀，提高学生刀工。

（2）借助菜肴制作，让学生在锻炼刀工的同时，练习并掌握烹调技法"炸"。

二、实训材料与用具

主料：草鱼1条（约1 500g）。

辅料：姜15g、葱15g、生粉90g、吉士粉30g。

调料：白醋20g、白糖40g、橙汁20g、精盐5g、鸡蛋50g。

用具：刀、砧板、炒锅、炒勺、筛网、筷子、汤匙、碗。

三、工艺流程

选料→清洗→晾干→切件→腌制→炸熟→勾芡→装盘。

四、制作方法

（1）草鱼宰杀干净，切除鱼头，从鱼脊背的一边下刀，将草鱼片成两半。把有脊骨的半边翻过来，沿着脊骨片出另一边，把脊骨剔出。再把鱼腹部的大刺剔除，这样鱼的骨刺就全部剔除干净了。

（2）把鱼肉从尾部一刀刀地片开，四片为一组，不要片断（片至4/5），让四片鱼肉在距鱼皮1/5处相连，第四片切断。把一组鱼片横过来，一刀刀地切出鱼丝，同样不要切断（切至4/5），让其在距鱼皮1/5处相连，把切好的菊花鱼漂洗一下，放入葱姜汁中浸泡15分钟去腥。

（3）将鱼捞出挤干水分，先裹上一层蛋液，再拍上干粉（由生粉和吉士粉混合而成），放在铺满干粉的盘子上，待炒锅内的油烧至七成热时，捏着鱼皮四角使其呈现菊花状放入炒锅内炸熟，捞起备用。

（4）锅洗净用小火加热，依次加水、白糖、橙汁、白醋（水∶白醋∶橙汁∶白糖＝1∶1∶1∶2），加适量生粉水勾浓厚芡。

（5）将菊花鱼摆好，淋上芡汁即可，成品效果如图 2－14 所示。

图 2－14　橙汁菊花鱼

五、注意事项

（1）将鱼肉片成菊花状时特别注意不要片断鱼皮，而且鱼肉大小要均匀、整齐。

（2）拍粉的时候要拍均匀，包括根部也要拍匀。

（3）掌握放入鱼肉的油温和炸的火候、时间。

（4）酱汁中的白糖、白醋和橙汁的比例要恰当。

3. 卷形花刀

此刀法将原料的一面锲上十字刀花，其深度约为原料的 2/3，然后改刀成长方块，加热后呈卷状。此种刀法一般适用于脆性的原料，如鱿鱼等。

4. 球形花刀

此刀法将原料切成或劈成厚片，再在原料的一面锲上十字刀花，刀距要密一些，深度约为原料的 2/3，然后改刀成正方块或圆块，加热后即卷曲成球状，此种刀法一般适用于脆性或者韧性的原料。

二、非标准刀法

在具体的生产操作中，可根据原料的性质特点和各种需要，将标准刀法综合运用、灵活使用，变化出多种多样的刀法，这些变化的刀法被称为非标准刀法。常用的非标准刀法有起、刮、撬、拍、削、剖、戳等一系列的刀法。

（一）起法

起法指分解带骨原料、除骨取肉或分解同一原料中的不同组织时所使用的刀法。起法适用于畜、禽、鱼类原料，最常用的是整料出骨，如起全鸡、起生鱼等。操作时下刀的刀路要准确，随原料部位不同而运用刀尖、刀跟等刀的不同部位，以保证取料完好。

（二）刮法

刮法又称"背刀法"，刮时刀身倾斜，刀口向左，右手握刀柄，用刀身底部压着原料，连拖带按向右运刀。例如刮鱼青、取鱼胶时，左手按着鱼尾部，用刀尖从尾部向上刮，持刀的手腕要用力均匀才能将鱼肉刮成蓉状。

（三）撬法

使用撬法时，用刀刃后部猛地切进原料表面，用力向外撬，撬出小块不规则块状。这种刀法适用于脆性原料，如撬冬笋、番薯等。

（四）拍法

拍法是指用刀身拍打原料，使原料破裂或松软的方法，如拍姜、葱等。拍猪肉、牛肉等可使其肉质松弛，厚薄均匀，烹调时容易入味、酥软。

（五）削法

削法指用刀平着去掉原料表面一层皮或将原料加工成一定形状的加工方法。削时左手拿原料，右手持刀，用反刀向外削，如削萝卜、土豆、茄子等。

（六）剖法

剖法指用刀将整形原料破开的刀法，如鸡、鸭、鱼等的剖腹操作。剖法要根据烹调需要掌握下刀部位及剖口大小准确运刀。

（七）戳法

戳法指用刀尖或刀跟戳刺原料而不致原料断裂的刀法。戳法适用于筋络较多的肉类原料，如鸡脯、鸭脯等。戳时要从左到右、从上到下，筋多的多戳，筋少的少戳，尽量保持原料的形状。戳后可使原料断筋防收缩、松弛平整、易熟入味、质感松嫩。

三、潮菜的笋花刀工工艺

笋花雕刻是潮菜烹调技艺中一项独特的、极富艺术性的技术。潮汕盛产竹笋，竹笋在潮菜的炆、炒、炖等菜肴中，都经常被用作配料。于是聪明的潮菜厨师便将作配料的竹笋雕成花鸟虫鱼等各种图案，使可食用的竹笋，同时也具有极高的艺术欣赏价值。

　　潮菜笋花雕刻，一般是先将鲜嫩竹笋对切成半圆形（厚约半寸）的块，冷水下锅将它煮熟，然后根据所要雕刻的图案，将笋块削出大概的轮廓，接着左手拿笋块，右手操刀，一刀刀灵活地雕出所要的图案，再切成厚片使用。

　　在做潮菜时，厨师们往往在烹制菜肴前，就把笋花雕刻好，用清水浸于盆中，以便烹制菜肴时随时取用。近年来，潮菜厨师还用胡萝卜雕刻成胡萝卜花，这是因为胡萝卜具有更鲜艳的色泽。胡萝卜花的雕刻方法和要领和笋花基本一致，但由于胡萝卜质地较硬、脆，握在手中存在较大的安全隐患，故提倡放在砧板上进行操作。而竹笋质地较软，放在手上进行操作比较方便。具体有以下要点：

　　1. 构思（依料修胚）

　　（1）将原料分割成若干小块，设定小主题。

　　（2）依照原料的形状确定所能雕刻出的平面图案。

　　2. 运刀雕刻

　　（1）下刀位置要准确。

　　（2）进刀的力度要均匀，左手食指（拇指）要配合好。

　　（3）雕出的余料形状要完整、匀称，这样形成的图案才整齐、富有美感。

　　（4）余料要充分利用。

第三章　潮菜鲜活原料的初加工工艺

本章内容：鲜活原料的初加工原理，分档取料及整料出骨的原理。

教学目的：让学生了解鲜活原料的初加工步骤，掌握鲜活原料的初加工方法、分档取料以及整料出骨的相关内容。

教学方式：理论讲解法、实践练习法及其他教学法相结合。

教学要求：1. 了解鲜活原料的初加工原理。

2. 掌握鲜活原料的初加工方法。

3. 了解分档取料及整料出骨的原理。

4. 掌握分档取料及整料出骨的方法。

第一节　鲜活原料初加工的概述

一、定义

鲜活原料指经鉴别选择后未作任何加工处理的原料。鲜活原料初加工指对其中不符合食用要求或对人体有害的部分进行整理和清除，使其由毛料形态变为净料形态，为后期的加工、切配、烹调做好准备的加工过程。

二、内容

潮菜的烹饪原料十分丰富，而处于鲜活状态的原料占绝大部分，这些鲜活原料要成为一道道美味的佳肴，是要经过许多程序和步骤的。其中，鲜活原料初加工，对于烹制一道高质量的潮菜十分重要。总的来说，鲜活原料初加工需体现六点：

（1）宰杀要求：将活的原料尽快杀死。

（2）洗涤要求：去除所有污物，使原料洁净。

（3）剖剥要求：除去不能使用的废料。

（4）拆卸要求：将原料按性质、用途分割及分类。

（5）整理要求：将原料形状修整至美观、整齐。

（6）剪择要求：用剪刀、小刀等工具或直接用手加工出洁净原料。

三、原则

鲜活原料初加工，除了要根据不同步骤实行不同做法外，还需遵循以下几点原则，使原料既得到最大程度的利用，又能发挥其在菜肴中的最大作用。

（1）符合卫生条件要求。

（2）尽可能保持原料的营养成分。

（3）必须注意菜肴的色香味不受影响。

（4）注意原料的完整和美观。

（5）贯彻节约的原则。

第二节　果蔬类原料的初加工

一、基本要求

（1）老的和不能食用的部分必须清除干净。

（2）必须洗去虫卵、杂物和泥沙，注意清除残留的农药。要先洗后切，防止营养素的流失。

（3）尽量利用可食用部分，防止浪费。

（4）加工后应合理放置、妥善保管。蔬菜加工后容易变坏，为避免损失，应注意沥干水分，通风散热，做好保管工作。由于许多蔬菜加工后便直接用于烹制甚至生食，因此要妥善放置，注意卫生，防止二次污染。

（5）根据烹调的需要按规格和用量进行加工。

二、常用方法

1. 浸洗

（1）清水浸洗。把蔬菜放在清水中清洗是最常用的方法，又分为扬洗

（菜胆类要特别注意扬净菜叶中的泥沙）、搓洗、刮洗、漂洗等。

（2）盐水浸洗。将蔬菜放入浓度为2%的食盐水中浸泡约5分钟，蔬菜中的虫或虫卵就会浮起或脱落，再用清水洗净即可。

（3）消毒水浸洗。较常用含量为0.3%的高锰酸钾溶液作为消毒水。把蔬菜净料放在消毒水中浸泡5分钟，然后用净水清洗。此法适用于生食的蔬菜。

2. 剪择

可用剪刀或用手择，去掉废料，再把蔬菜加工成规定的形状，分类放置好。

3. 刮削

用刀或刮刨去除蔬菜的粗皮或根须。

4. 剔挖

用尖刀清除蔬菜凹陷处的污物，掏挖瓜瓤。

5. 切改

用刀把蔬菜净料切成需要的形状。

6. 刨磨

用专用的或特制的刨具把蔬菜刨成丝、片，或磨成蓉状，如姜蓉。

三、分类处理方法

（一）根菜类

一般采用刮和切的方法。先用刮刀去除菜的老皮和根须，然后切去硬根等，然后洗净即可。

实训　胡萝卜初加工

材料：胡萝卜适量。

用具：削皮刀、菜刀、砧板。

操作流程：

（1）用削皮刀刨去胡萝卜的外皮。

（2）用菜刀切去头尾。

（3）洗净。

（4）根据菜式需要切改形状待用。

注意事项：

（1）注意用刀的安全。

（2）要洗净后再改刀，以免营养素流失。

（二）茎菜类

主要用刮、切、剜的方法，先将外皮筋膜等刮去，切去不用的部分，再剜去腐败、有害的部位，然后洗净即可。

实训　马铃薯（土豆）初加工

材料：马铃薯适量。

用具：削皮刀、菜刀、砧板。

操作流程：

（1）削去外皮，挖出芽眼。

（2）洗净后用清水或淡盐水浸泡备用。

（3）根据菜式需要切片、丝、丁等。

注意事项：

（1）注意用刀的安全。

（2）洗净后要用清水浸泡，防止因氧化发生褐变。

（三）叶菜类

一般采用摘和切的方法，先摘取老的、黄的、烂的叶子，切去老根，然后洗净即可。

实训　白菜初加工
项目一　白菜胆

材料：大白菜适量。

用具：菜刀、砧板。

操作流程：

用菜刀取大白菜梗部一段，长约12cm。将大棵的切成两半。

注意事项：

（1）注意用刀的安全。

（2）只取用白菜梗，洗净后再切用，防止营养素流失。

项目二　白菜长段

材料：大白菜适量。

用具：菜刀、砧板。

操作流程：

将白菜叶剥下，或再横切成两段待用。

注意事项：

（1）注意用刀的安全。

（2）洗净后再切用，防止营养素流失。

（四）花菜类

刮去锈斑，去掉老叶、老茎，然后洗净即可。

实训　椰菜花初加工

材料：椰菜花适量。

用具：刮刀、菜刀、砧板。

操作流程：

（1）用刮刀刮去锈斑，去掉老叶、老茎。

（2）切去托叶，切成小朵。

（3）洗净便可。

注意事项：

（1）注意用刀的安全。

（2）最好用盐水浸洗。

（五）果菜类

一般要用手掰掉尖部，顺势撕去老筋，洗净即可。茄果类一般要去蒂，部分瓜果蔬菜需要去皮，然后洗净即可。

实训　西红柿初加工

材料：西红柿适量。

用具：菜刀、砧板。

操作流程：

择去蒂，切块。也可根据需要制成盅形、花形等。

注意事项：

注意用刀的安全。

（六）食用菌类

摘去明显的杂质，剪去老根，用水洗去泥沙，漂去杂质即可。

实训　鲜冬菇初加工

材料：鲜冬菇适量。

用具：碗。

操作流程：

去菇蒂，洗净即可。

注意事项：

注意将菇蒂去除干净。

第三节　水产品原料的初加工

一、基本要求

（1）除尽污秽杂质，满足食品卫生要求。

水产品往往带有黏液、寄生虫，有些还带有毒腺体，含有毒物质。初加工后，水产品大多带有血污或被内脏污物污染，这些都会影响菜肴质量，影响食品卫生，甚至危及食用者的安全。因此必须注意清除污秽杂质，确保成品具有良好的卫生状况。鱼类切勿弄破鱼胆。

（2）按品种特点和用途选择正确的加工方法。

在对水产品进行加工前，必须清楚地知道水产品有哪些初加工的方法，以及水产品将用作什么用途。若盲目加工，既不能满足菜式、烹调的需要，还有可能造成重大的经济损失。

（3）注意水产品成形的整齐与美观。

（4）合理选用原料，注意节约。

二、分类处理方法

（一）鱼类原料初加工

鱼类原料可以简单地分为无鳞鱼和有鳞鱼，鱼类原料初加工的主要内容包括鱼的宰杀、内脏的处理和土腥味的处理。

1. 鱼的宰杀

（1）有鳞鱼的初加工步骤。

有鳞鱼与无鳞鱼在初加工的不同，就在于有鳞鱼不需要去黏液，但需打鳞。

37

工艺流程：放血→打鳞→去鳃→取内脏→洗涤整理。

①打鳞。

定义：用鱼鳞刨刀从鱼尾部往头部刨出或刮出鱼鳞称为打鳞。

注意：

鱼鳞要打干净，尤其是尾部、头部或近头部、背鳍两侧、腹鳍两侧等部位要注意检查是否留有鱼鳞（鲥鱼可不去鳞）。

打鳞时不可弄破鱼皮，特别是用刀刮鱼鳞时更要注意。

打鳞时是逆刀刮鳞，极容易伤及按鱼头的手，所以用刀打鳞时精神要集中，注意安全。

②去鳃。

鱼鳃既腥又脏，必须去除。去鳃时，一般可用刀尖剔出，或用剪刀剪除，也可以用手挖出，有时需用坚实的筷子或竹枝从鳃盖中或口中拧出。

③取内脏。

开腹取脏法（腹取法）：在鱼的胸鳍与肛门之间直切一刀，切开鱼腹，取出内脏，刮净黑腹膜。这种方法简单、方便、快捷，使用最广泛，多用于加工鲫鱼、鲤鱼、鲩鱼等。

开背取脏法（背取法）：沿背鳍下刀，切开鱼背，取出内脏及鱼鳃。根据需要，可取出脊骨、腩骨。这种方法能在视觉上增大鱼体，美化鱼形，并能除去脊骨、腩骨，可用于加工山斑等。

夹鳃取脏部（鳃取法）：在肛门前约1cm处横切一刀，然后用竹枝、粗筷子或专用长铁钳从鳃盖插入，夹住鱼鳃缠扭，在拧出鱼鳃的同时把内脏也拧出来。这种方法能最大限度地保持鱼体外形的完整，常用于整条使用的名贵鱼种，如东星斑、鳜鱼等。

④洗涤整理。

取内脏后，继续刮净黑腹膜、鱼鳞等污物，整理外形，用清水冲洗干净。到此为止，初加工基本完成。

（2）无鳞鱼的初加工步骤。

工艺流程：放血→去黏液→去鳃→取内脏→洗涤整理。

①放血。

目的：使肉质洁净无血腥味。

方法：左手将鱼按在砧板上，令鱼腹朝上。右手持刀，在鱼鳃的鳃盖口下刀，刀顺滑至鱼鳃，切断鳃根，随即将鱼放进水盆中，让其在水中挣扎，将血流尽。还有一种方法是先斩鱼尾部，随即将鱼头斩下，把水管插进鱼喉，通水后，鱼血便随水从鱼尾冲出。

②去黏液。

无鳞鱼多栖息于腐殖质较多、土质肥沃的水塘污泥处，从而使鱼体内和体表的黏液中带有较重的土腥味，而且非常黏滑，不利于烹饪。因此，在烹制之前，首先必须去除其体表的黏液，使这些土腥味大大减轻，从而使成菜达到肉味鲜美的要求。常见的去除黏液的方法有浸烫法和盐醋搓揉法。

浸烫法：将表皮带有黏液的鱼，如鲴鱼、泥鳅、鲶鱼、鳝鱼、鳗鱼等，用热水冲烫，使黏液凝结，然后将黏液去除。烫制的时间和水温要根据鱼的品种和具体烹调方法灵活掌握。一般鳗鱼的浸烫水温在50℃～70℃，黄鳝、泥鳅的浸烫水温在60℃～80℃为佳。在实际允许浸烫范围内，水温的高低可以用浸烫时间来调节。在烫制的水中，可加入葱段、姜块、香醋和盐，加醋可使鱼体内和体表黏液中的三甲胺被中和，大大减轻土腥味，还可以使鱼的脊部皮层发光烁亮。

盐醋搓揉法：将宰杀去骨的鱼肉放入盆中，加入盐、醋后反复搓揉，待黏液起沫后用清水冲洗，然后用干抹布将鱼体擦净即可。多用于为"生炒鳗片""炒蝴蝶片"等的原料去除黏液。

③去鳃。

鱼鳃既腥又脏，必须去除。去鳃时，一般可用刀尖剔出，或用剪刀剪除，也可以用手挖出，有时需用坚实的筷子或竹枝从鳃盖中或口中拧出。

④取内脏。

开腹取脏法（腹取法）：在鱼的胸鳍与肛门之间直切一刀，切开鱼腹，取出内脏，刮净黑腹膜。

开背取脏法（背取法）：沿背鳍下刀，切开鱼背，取出内脏及鱼鳃。根据需要，可取出脊骨、腩骨。这种方法能在视觉上增大鱼体，美化鱼形，并能除去脊骨、腩骨等。

夹鳃取脏法（鳃取法）：在肛门前约1cm处横切一刀，然后用竹枝、粗筷子或专用长铁钳从鳃盖插入，夹住鱼鳃缠扭，在拧出鱼鳃的同时把内脏也拧出来。这种方法能最大限度地保持鱼体外形的完整，常用于整条使用的名贵有鳞鱼种。

无鳞鱼最常用的取内脏方法就是开腹取脏法，但根据菜肴的需要也可以采用开背取脏法和夹鳃取脏法取内脏，例如制作盘龙鳗的时候，就要采用夹鳃取脏法，保证鳗鱼腹部的完整性。

⑤洗涤整理。

取内脏后，继续刮净黑腹膜等污物，整理外形，用清水冲洗干净。

到此为止，初加工基本完成。

实训
项目一 开腹取脏法（以草鱼为例）

材料：草鱼一条。

用具：菜刀、砧板。

操作流程：

（1）将血放干净。

（2）将鱼鳞清除干净。

（3）在鱼身肛门稍靠尾部下刀，紧贴脊骨，切开鱼脊，劈开鱼头，这样就得到腹胸相连的鱼体，内脏和鱼鳃便可以轻易取出，然后刮出黑腹膜，冲洗干净即可。

注意事项：

（1）刮鳞时注意不要弄破鱼皮。

（2）取出内脏时要小心，不要弄破鱼胆，破坏鱼质。

（3）注意用刀安全，特别是刮鱼鳞时。

项目二 开背取脏法（以鲫鱼为例）

材料：鲫鱼一条。

用具：菜刀、砧板。

操作流程：

（1）用刀尖插入鲫鱼鳃根放血。

（2）刮去鱼鳞。

（3）切开腹部，取出内脏，刮去黑腹膜。

（4）冲洗干净便可。

注意事项：

（1）刮鳞时注意不要弄破鱼皮。

（2）鲫鱼背两侧各有一条白筋，它是造成鲫鱼带有特殊腥味的物质。剖肚除净内脏后，在鱼的鳃尾处开一小口，将鱼体用刀拍一下，使肉松弛，用镊子夹住显露出的白筋，轻轻拉出，经烹制后则可减少腥味。

（3）取出内脏时要小心，不要弄破鱼胆，破坏鱼质。

（4）注意用刀安全，特别是刮鱼鳞时。

项目三　夹腮取脏法（以鲈鱼为例）

材料：鲈鱼一条。

用具：菜刀、专用竹枝（粗筷子、专用长铁钳）、砧板。

操作流程：

（1）将血放干净。

（2）将鱼鳞去除干净。

（3）在肛前约1cm处横切一刀，切断肠，然后用专用竹枝（或粗筷子、专用长铁钳）从鳃盖插入，夹住鱼鳃，缠扭，在拧出鱼鳃的同时把内脏也拧出来，将鱼体清洗干净即可。

注意事项：

（1）刮鳞时注意不要弄破鱼皮。

（2）取出内脏时要小心，不要弄破鱼胆，破坏鱼质。

（3）注意用刀安全，特别是刮鱼鳞时。

（4）此法多用于名贵鱼种，处理时要小心。

2. 内脏的处理

（1）鱼鳔。

应先将鱼鳔剖开，用少量的盐搓洗一下，再用沸水略烫，洗净即可。

（2）鱼肠。

用剪刀剖开，加盐搓洗后入沸水略烫，再用清水洗净。

（3）鱼子。

鱼子有一层薄膜包裹，清理时动作要轻，防止破裂松散。

3. 土腥味的处理

鱼有腥味是因为鲜鱼体内有一种叫氧化三甲胺的物质，随着鱼新鲜度的降低，该物质会被酶还原成三甲胺。三甲胺的含量越高，鱼的腥味就越浓。一般淡水鱼体内所含的氧化三甲胺较海水鱼少，故当其新鲜度降低时，腥臭味不会像海水鱼那样强烈。但淡水鱼有土腥味，这是因为它们生长在腐殖质较多的水里。这样的环境适合放线菌繁殖生长，细菌通过鱼鳃侵入鱼体血液中，并分泌一种带有土腥味的褐色物质，而这种土腥味在烹调过程中很难去掉。以下介绍几种去除土腥味的方法：

（1）将250g食盐溶于2 500g清水中，把活鱼放在盐水中静养1～2小时后，即可减少土腥味。

（2）在宰鱼时，要尽量将鱼的血液冲洗干净，把鱼腹中的黑腹膜洗去，以减少土腥味。把洗净的鱼再放入盐水中浸泡约10分钟，效果更佳。

（3）有些鱼如鲤鱼等的背部两侧各有一条白筋，它是造成鲤鱼具有特殊腥味的物质。在初加工时把白筋去掉则可减少腥味。

（二）虾蟹类原料初加工

1. 龙虾

（1）用竹签由尾部插向头部，令龙虾排尿。

（2）扭断虾头，龙虾的头部外面的结构主要有龙虾钳、龙虾腿和龙虾头壳，掀开头壳可以看到里面的各种器官，把不能吃的鳃、胃、肠都摘掉（头部的壳如果不需要摆造型的话，也可以一并处理）。用刀把龙虾腿和龙虾钳卸下来。龙虾嘴视情况处理。至此，头部就处理好了。

（3）切断虾尾。

（4）碎件——将龙虾身斩成大碎块即可；起肉——切开虾腹便可将龙虾肉取出。

2. 虾

（1）剪除虾须、虾枪、虾眼。

（2）剪去附肢。

（3）在虾背部中间处开一刀口取出沙肠，或在虾腹部第二节靠近背部处插入牙签挑出沙肠。

（4）揭开头胸甲，摘除沙包（虾胃）。

（5）将虾放入清水中漂洗干净备用（不可用水冲洗，否则虾黄将被冲掉）。

3. 螃蟹

（1）宰蟹。

①将蟹背朝下放在砧板上，用刀尖从蟹厣部戳进，令蟹死亡。

②将蟹翻转，用刀身压着蟹爪，用手将蟹盖掀起，削去蟹盖弯边及刺尖，然后取出蟹黄，放好。

③刮去蟹鳃，切去蟹厣，取出内脏，洗净。

④剁下蟹螯（蟹钳），斩成两节，拍裂。

⑤将蟹身切成两半，剁去爪尖，将蟹身斩成若干块，每块至少带一爪。

⑥用于蒸的膏蟹，须将蟹盖修成小圆片，每盖约修成 2 片。

（2）拆蟹肉。

①将宰好的蟹蒸熟或滚熟。

②剥去蟹螯的外壳，得到蟹肉。

③斩下蟹爪。

④用刀跟将蟹身的蟹钉撬出，顺肉纹将蟹肉剔出。

⑤用刀柄或圆棍碾压蟹爪，将蟹爪的蟹肉挤出。

⑥检查碎壳。

实训 拆蟹肉

材料：大闸蟹一只、紫苏叶适量。

用具：碗、蒸笼、剪刀、小剔刀、蟹八件（见知识扩展）。

操作流程：

（1）大闸蟹冲洗干净，水煮开后将蟹肚朝天放入蒸笼，上置紫苏叶，蒸15～20分钟，取出待用。

（2）剥开蟹脐，在开口处将蟹盖掀开，去除蟹肚内的白色须状物（蟹鳃、蟹胃）。

（3）剔出蟹盖内的肉与蟹黄。

（4）对于蟹身的肉，可以用剪刀横着剪开后用小剔刀剔出。

（5）用剪刀将蟹腿两头剪掉，然后用小剔刀小心地推出来。

（6）拆出蟹肉后，蟹壳仍可摆出螃蟹的形状。

成品特点：原汁原味，鲜美可口。

注意事项：

（1）蒸螃蟹前要将蟹身清洗干净，要整只蒸。

（2）食用时要去除蟹鳃、蟹胃。

（3）注意用刀的安全。

（三）软体类原料初加工

1. 鲜鱿鱼、鲜墨鱼

用刀切开或用剪刀剪开腹部，剥出骨片（墨鱼足粉骨），剥去外衣、嘴、眼、冲洗干净。墨鱼墨汁较多，要小心剥除墨囊，以免鱼体被染色。可以在水中剪剥。

2. 鲜蚝

撬开蚝壳，取出蚝肉，除去蚝头两旁韧带的壳屑。加入食盐拌匀，然后冲洗，去除其黏液。冲洗干净后浸于清水中待烹。

3. 圆贝

用尖刀插进贝肉，将贝肉一分为二（小的圆贝只切去一边外壳柱即可），剥去内脏，洗净即可。

4. 田螺、石螺等螺蛳类

用清水养，去土腥味后，用钳或硬铁剪钳去螺尖，洗净。

5. 象拔蚌

撬开外壳，取出蚌肉，冲洗干净。

6. 响螺

手执螺尾，用锤子敲破螺嘴外壳，取出螺肉，去掉螺厣，用枧水刷洗掉黏液和黑膜，挖去螺肠，洗净。

7. 鲜鲍鱼

以500g重的澳洲活鲍为例。

（1）宰杀。应将餐刀刀刃贴在鲍鱼的内壳上，轻轻地来回划动，使其壳肉分离，然后取出鲍鱼肉，除去内脏。为了保证鲍鱼肉的形体完整，宰杀时切忌用力过猛。

（2）刷洗。用软毛刷轻轻地将黑膜刷掉，再将鲍鱼肉放入清水冲洗干净。

（3）定形。将洗净的鲍鱼肉放入清水锅中加热煮至定形。注意一定要冷水下锅，如果是热水下锅，鲍鱼肉表皮会因突受高温而出现很多裂开的小口，而且使成形后的鲍鱼肉出现软心，影响下一步的烹调。另外，鲍鱼肉在定形完毕进行剪头时，切忌剪破枕边，以免在下一步烹调时枕边开裂而影响外形。

（4）煲制。定形后的鲍鱼肉应放到特制的高汤中，以文火煲8~10小时后捞出，封好放入冰箱内保存。煲鲍鱼肉的汤汁需保留，以供烹调时使用。

（四）其他原料初加工

1. 甲鱼（水鱼）、山瑞

（1）将甲鱼背朝下放在砧板上，拇指和食指扣在后腹部凹陷处，固定甲鱼。

（2）待甲鱼头伸出时，用刀剁下，压着甲鱼头，顺势拉出甲鱼颈，原固定甲鱼的手迅速反手握住甲鱼颈，尽量将甲鱼颈往外拉。

（3）用刀切开甲鱼颈与背甲连接处，斩断颈骨，撬离甲鱼前肢关节，顺势在背甲与腹部之间下刀，将甲鱼腹部与背甲切离。

（4）把甲鱼放进60℃左右的热水中略烫，擦去外衣，冲洗干净。

（5）将背甲完全切离，切除内脏，去净油脂，冲洗干净。

（6）斩件时要斩去嘴尖、脚趾，背甲只留肉裙。

山瑞的初加工方法与甲鱼相同。

2. 田鸡

（1）从田鸡眼后部下刀，斩去头部，放于清水盆中，让血流尽。

（2）大拇指从刀口处插入，用大拇指与食指紧扣田鸡前肢，另一手拉紧田鸡皮，把田鸡皮剥下。

（3）切开田鸡肚，取出内脏。

（4）剁去四肢脚趾，起出脊骨、小腿骨，冲洗干净。

知识扩展：蟹八件

腰圆锤：用于在蟹背壳的边缘来回轻轻敲打，这是先将蟹壳敲松，方便掀盖；长柄斧：用于掀开背壳和肚脐，再加上已被腰圆锤击打了多遍，所以大盖很容易摘除；签子：用于剔蟹肚的蟹肉，或捅出、钩出蟹腿肉；长柄勺：用于刮下膏或黄，将其一勺一勺送入嘴中；镊子：用于剔除蟹鳃，就是白色的厚片，还有盖上连骨的蟹胃，蟹鳃和蟹胃都是极寒的东西，不能食用；剪刀：用于剪下蟹腿、蟹螯；盆：用于盛放蟹盖；剔凳：它的性质就是一块铁砧板，打开蟹螯最直接的办法就是把蟹螯垫在剔凳上，用小锤砸开。

第四节　禽类原料的初加工

基本步骤

加工工序：放血→褪毛→开膛→内脏整理→洗涤。

1. 放血

用刀割断家禽颈部气管和血管，刀口要小，血要放尽。放血时可将血放入先调好的盐水碗中，搅匀后蒸熟，改刀后备用。

2. 褪毛

褪毛方法分湿褪法和干褪法两种。家禽一般都用湿褪法，野禽既可用湿褪法，也可用干褪法。褪毛时还应将爪外的鳞皮、嘴上的外壳去掉。

（1）湿褪法。

宰杀家禽后，褪毛时机要适当，褪毛太早禽体肌肉痉挛，皮紧，毛不易拔褪，太迟禽体僵硬造成毛孔紧缩，也不易拔褪。家禽宰杀后停止挣扎、死透后10分钟再褪毛为最佳时机。如果是一些水禽，其羽毛表面含有脂肪，阻碍热水的渗透，浸透时要用木棍推掏羽毛以便于烫透，有时还可先用冷水将水禽浸透，然后用沸水冲烫。

烫褪禽毛时，要根据家禽的品种、老嫩程度、个体大小以及季节变化等情况，准确地掌握水的温度和烫毛的时间。一般来说，鸡的水温为70℃～80℃（夏季70℃以内，春秋75℃以内，冬季80℃以内），鸭、鹅为70℃～90℃，烫毛的时间以能够轻易拔掉羽毛而不使表皮破损为度，一般为3～5分钟。如水温太高或烫毛时间过长，都会引起体表脂肪溶解，表皮里的胶原蛋白质和弹性蛋白质变性，失去韧性和伸缩性，使表皮变得紧而脆，因而易破裂，既不利于脱骨，又不利于褪毛，还会影响禽体的形态美观。

（2）干褪法。

不需浸烫，直接从动物体表褪去羽毛的方法为干褪法。一般要在原料完全死后趁还有体温时把羽毛褪掉，摘毛时要逆向逐层进行，一次摘毛不宜太多，否则既费力又容易破坏表皮。一些被猎杀的野禽因枪口较多已破坏了表皮的完整，有的则死后存放时间过长，在对这些野禽进行加工时可以用干褪法。

3. 开膛

目的：清除内脏。

方法：

（1）腹开法。

腹开法是从胸骨以下的软腹处开一刀口，将内脏掏出，主要用于整形的凉菜，如盐焗鸡、白斩鸡等。

（2）背开法。

背开法是沿背骨从尾至颈剖开，将内脏掏出，主要用于整形的热菜，如清蒸鸡、扒鸭等。

（3）肋开法。

肋开法是从翅腋下开刀，将内脏掏出，主要用于整形的菜品制作，如烤鸭。

注意：无论是哪种开膛方法都必须将所有内脏全部掏出，然后进行分类整理。掏除内脏时一定要小心、有序，如果破坏了内胆或肠嗉都会给清理工作带来很大麻烦。禽类的肺部一般都紧贴肋骨，不容易去除干净，如果它残留在体内就会影响汤汁质量，如鸡肉炖汤时会出现汤汁混浊变红等现象。

4. 内脏整理

（1）心脏。

撕去表膜，切掉顶部的血管，然后用刀将其剖开，放入清水中冲洗即可。

（2）肝脏。

用小刀轻轻摘去胆囊，用清水洗净，如有胆汁溢出应立即冲洗，并切除胆汁较多的部位，以免影响整个菜肴的风味。

（3）胃肌。

胃肌又称肫、胗，是禽类原料特有的消化器官。加工时割去食管及肠，剥除油脂，切开其凸边，除去内容物，剥掉内壁黄衣（内金），洗净。如果用于爆炒，还需铲去外表的韧皮，取净肉加工成片或剞上花刀待用。

（4）肠。

先挤去肠内的污物，用剪刀剖开后冲洗，再用刀在内壁轻轻刮一下，然后加盐、明矾反复搓揉，用清水冲洗干净即可。

（5）脂肪。

一般的老鸡或老鸭的腹中积存大量的脂肪，它们对菜肴的风味起着重要作用，一般制作汤菜（浓汤）时必须将脂肪与原料一起炖制，但脂肪不能与原料一起焯水，否则将大量流失。当用鸡、鸭来制作其他菜肴时，可将其脂肪提炼成油，但不能像猪油一样下锅煎熬，而是放在碗中加葱、姜，上蒸笼制出油，经过滤以后即得。其油清、色黄、味香，在潮菜中称为"明油"。

（6）卵。

在老鸡或老鸭的腹中常残留一些尚未结壳的卵，因它们外皮很薄且容易破裂，加工时应先用水将其煮熟，然后撕去筋脉，洗净后再与主料一同烹制。

第五节　畜类原料内脏的初加工

一、基本要求

畜类原料是潮菜的常用原料，但畜类体型大，不易宰杀，在工作和生活中不常接触活体宰杀，因此学生只要掌握畜类原料内脏的正确加工方法即可。

畜类原料内脏的初加工学习要求是：

（1）掌握不同部位的清洗方法。

（2）掌握畜类原料内脏清洗的原则。

二、清洗的基本方法

1. 翻洗法

这是将肠、肚的内里向外翻出清洗的方法。肠和肚里面有消化物，十分污秽且油腻，如果不翻转清洗，就无法清洗干净。

实训 翻洗法（以猪肠为例）

材料：猪肠、食盐。

操作流程：

（1）把猪肠翻转一小截，然后往翻转处灌水。

（2）随着水的不断灌进，猪肠就能逐步翻转，直至全部翻转过来。

（3）先用清水冲洗，再放入食盐搓揉，最后用清水清洗干净。

注意事项：

（1）翻转时是将猪肠的内里向外翻，以清洗猪肠的污物。

（2）食盐搓洗后要用清水清洗干净。

2. 搓洗法

这是加入食盐搓揉内脏，然后用清水洗涤的方法。这种方法只能去除黏液、油腻、污物，常用于清洗肠、肚。

3. 烫洗法

这是把初步清洗过的内脏放进热水中略烫，使黏液凝固、白膜收缩松离的方法。这种方法便于清除黏液和刮除白膜，同时能在一定程度上去除腥臭异味。清洗肚、舌常用此法。注意：此法须注意水温，不同内脏所需水温不同。

实训 烫洗法
项目一 猪肚

材料：猪肚一具。

用具：小刀。

操作流程：

（1）将猪肚里外翻转，用清水冲洗污物及部分黏液。

（2）将猪肚放进沸水中略烫（不能烫得太久），当肚苔白膜发白时立即捞起，用小刀刮去肚苔及黏液，再用清水洗净。

注意事项：

（1）翻转时是将猪肚的内里向外翻，以清洗猪肚的污物。

（2）沸水略烫时要把握好时间。

（3）要将污物清除干净。

（4）要注意热水、刀具的使用安全。

项目二　猪舌

材料：猪舌一条。

用具：小刀。

操作流程：把猪舌放进85℃左右的热水中烫至舌苔变白，捞起后用小刀刮去舌苔，洗净（牛舌、羊舌清洗方法相同）。

注意事项：

（1）沸水的温度为85℃左右，不可过高、过低，烫时要把握好时间。

（2）要将污物处理干净。

（3）要注意热水、刀具的使用安全。

项目三　牛百叶、牛草肚

材料：牛百叶、牛草肚。

操作流程：把牛百叶、牛草肚放进90℃左右的热水中烫过，捞起后放到清水中，擦去黑衣，洗净即可。

注意事项：

（1）沸水的温度为90℃左右，不可过高、过低，烫时要把握好时间。

（2）要将污物处理干净。

（3）要注意热水的使用安全。

4. 刮洗法

即用刀刮去表面污物的方法。这种方法常要配合烫洗法进行。

5. 灌洗法

这是将清水灌进内脏内，当挤出水分时，把污物同时带出的方法。这种方法常用于清洗猪肺、牛肺，因为肺中的气管和支气管组织复杂，气泡多，里面的污物、血污不易从外部清洗，所以要用这种方法来清洗。

实训　灌洗法（以猪肺为例）

材料：猪肺。

用具：锅、勺子。

操作流程：

（1）把猪肺的硬喉套在水龙头上，开水龙头，将清水注入猪肺内，使肺叶扩张。

（2）胀满后，用手按压猪肺，将注入的水连同血污、泡沫一起挤出。按此方法连续灌洗四五次，直至注入的水变白、洁净为止。

（3）烹制时还要将猪肺放在锅内焯水。焯水时，将气喉置于锅外，以便肺内泡沫排出（牛肺清洗方法相同）。

注意事项：

（1）把猪肺的硬喉套在水龙头时要套好，以免猪肺掉落，污物四溅。

（2）要反复灌洗，直至猪肺干净。

6. 挑出洗法

脑和脊髓表面有一层血筋膜，它们十分细嫩，直接放在水中冲洗会使其损坏，因此宜用牙签或小竹枝轻轻挑出血筋膜，再用清水轻轻冲洗。

实训　挑出洗法（以猪脑为例）

材料：猪脑一个。

用具：牙签。

操作流程：用水湿润猪脑，用牙签挑出血筋膜，轻轻洗净便可。

注意事项：猪脑细嫩，使用牙签挑出时动作要小心，避免损坏。

第六节　分档取料

一、分档取料的概念

分档取料又称"部位取料"，就是对已经宰杀和经过初加工的家禽、家畜、鱼类等整只原料，按照烹调的不同要求，根据其肌肉组织、骨骼的不同部位、不同质量，准确地进行分档切割的方法。分档取料要求较高的工艺，若分档不正确，取料有误，不仅会降低切配效果，还会影响烹调和整个成菜的色、香、味、形和经济效益。因此，在实践中必须遵循大料大用、小料小用、精料精用、物尽其用的原则，认真学习掌握分档取料的知识技术。

二、分档取料的作用

1. 保证菜肴的质量，突出菜肴的特点

由于同一种原料不同部位的组织结构具有差异，而烹调方法要求也多种多样，所以就必须选用原料的不同部位，以适应烹制多种不同菜肴的需要。只有这样才能保证菜肴的质量，突出菜肴的特点。

2. 保证原料的合理使用，做到物尽其用

根据原料各个部位的不同特点和烹制菜肴的多种多样的要求分档取料，选用相应部位的原料，不仅能使菜肴具有多样化的风味特色，而且能合理使用原料，达到物尽其用的效果。

三、分档取料的关键

1. 熟悉原料的各个部位、准确下刀是分档取料的关键之一

例如从家畜、家禽的肌肉之间的隔膜处下刀，就可以把原料不同部位的界限基本分清，这样就能保证所取用的原料不同部位的质量特点。

2. 必须掌握分档取料的先后顺序

分档取料如不掌握一定的先后顺序，就会破坏各个部分肌肉的完整性，从而影响所取原料的质量。

四、分档取料的要求

（1）熟悉原料的生理组织结构，把握整料的肌肉部分，准确下刀。

（2）掌握分档取料的先后顺序。

（3）取料时重复刀口要一致。

五、常见原料的分档取料

1. 猪的分档及其合理使用

猪肉的常见分档可分成18部分，详见图3–1。

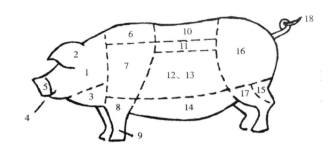

图 3 - 1　猪肉分档

　　1：猪头；2：猪耳；3：兜肉；4：猪舌；5：猪嘴；6：鬃头肉；7：前夹；8：前蹄；9、17：猪肘；10：肉眼；11：肥头肉；12：五花肉；13：排骨；14：泡腩；15：后腿；16：后蹄；18：猪尾。

　　猪各部位的合理使用方式如下：

　　（1）猪头部位（包括嘴、耳、舌头、头肉）：适宜卤制。头骨适合煲汤。另外，猪耳宜用于焖或炒，猪舌适用于炒。

　　（2）前夹（包括鬃头肉、"不见天"等）：前腿肉宜做叉烧，腋下"不见天"宜用于煲，近脊部的鬃头肉宜制作咕噜肉、果肉等。

　　（3）后腿（包括柳肉）：肉厚而嫩，瘦肉多，适宜拉丝、切片、制肉丁与肉丸等。柳肉肉质细滑，色稍深红，宜于油泡或焗。

　　（4）肉眼（北方称里脊）：这是猪肉中之精品，整只猪仅有两条，肉纹较有条理，细致，宜于切肉片、肉丝。油泡、烩茸皆宜。

　　（5）肥头肉（近肉眼处）：肉肥爽，宜制作肉卷、"玻璃肉"。

　　（6）五花肉（包括排骨部位）：该肉肥瘦分明，一层瘦一层肥，素有"五夹肉"之称，宜红焖或炸扣。潮菜中的"甜绉纱肉""南乳扣肉"就是用该部位作原料。五花肉的部位带有排骨，适宜蒸、焖、炸、焗。如是细骨则宜用于熬汤。

　　（7）泡腩（肚尾肉）：该部位是猪肉中的次品，韧而肥腻，口味较差，多用于煲熟后切片，搭配杂烩或焖、卤。

　　（8）猪肘（脚包肉）：即斩去猪手、猪脚后的第二节肘肉，适宜煲汤或炸、炖。

　　（9）猪手、猪脚：适宜于煲、炖、卤。

　　（10）猪肘（又称肘肉）：即斩去猪手、猪脚后的第一节肘肉，适宜用煲汤、扒、炖等。

　　（11）猪肘：用途不广，多用于焖、炖、煲。

2. 牛的分档及其合理使用

牛肉的常见分档可分成21部分，详见图3-2。

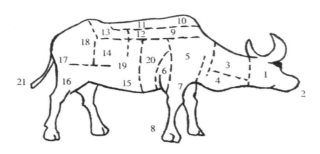

图3-2 牛肉分档

1：牛头；2：牛舌；3：牛颈；4：腔头；5：豕肉；6：豕肚；7：前牛脚趾；8：脚筋；9：扇面；10：花头；11：腰窝排；12：柳肉；13：腰窝头；14：鬼面；15：白腩；16：后脚趾腱；17：打棒；18：葫芦；19：水星；20：坑腩；21：牛尾。

牛各部位的合理使用方式如下：

（1）牛头部位（包括牛颈、牛头、牛舌）：头部皮多，骨多，肉少，有瘦无肥，宜于制卤、红炖或风干。牛舌宜于炒、煲、焗、卤。

（2）前腿（又称豕）：前腿包括三件大肉，一件叫做豕肉，一件叫做豕齿，一件叫做豕肚，另外还有豕板、豕摄腔头、葫芦等，前腿的三件大肉，肉多筋少，肉质较嫩，适宜切片做炒肉或剁肉用。葫芦肉比较爽滑，适宜制作蒸、炒、汤泡的食品。

（3）后腿（又称后脾栅）：包括水星、后脾腱、葫芦、鬼面等。鬼面肉纹显著，筋少。葫芦肉、后脾腱肉质细嫩且瘦，宜于切片、切丝，或作剁肉之用。

（4）腩（包括白腩、坑腩、碎腩）：碎腩是从牛肉里打出来的筋碎。坑腩是接连腔骨处，因而为坑形，可焖、炖、烧、煲。碎腩、白腩适宜煲、焖、炖。在腔下破处尚有牛腔尖，色黄白，像牛油，爽而不韧，蒸、炒皆宜。

（5）柳肉（也称"梅肉"，包括坑腩）：这个部位以坑腩为多，夹脊处有柳肉两条，是整只牛中最嫩的部位，肉纹细而滑，味香而鲜，切片、拉丝皆宜，很适合制作较高级的菜肴。

（6）腰窝头（包括腰窝排）：腰窝排位于脊部，下连牛柳，后接腰窝头，肉质厚阔而肥嫩，适用于炒及烧、焗。

（7）打棒：这个部位是连接腰窝头及牛尾的部位，是牛的臀尖，经常受到鞭打，因而得名。打棒部位肉质厚嫩，上肥下瘦，适宜用于剁和切片等。因其肉质结实而干洁，故腌制时吸水量比其他部位大。

（8）花头：花头是颈头肉的后部，包括扇面等，肉纹较粗，适宜卤、焖或剁细做肉丸。扇面的用途与前腿相同。

（9）牛尾：用途不广，一般只作粗料用，但肉质肥美，营养丰富，西餐中较有名的"牛尾汤"就是以此作为主料的。

（10）牛脚：有筋无肉，骨多皮厚，脚筋部位只适宜红烧或清炖。

3. 羊的分档及其合理使用

羊肉的常见分档可分成15部分，详见图3-3。

图3-3 羊肉分档

1：颈肉；2：上脑；3：外里脊；4：前腿；5：腹肋（羊排）；6：里脊；7：黄瓜条；8：后腿；9：前腱子；10、14：羊蹄；11：羊胸；12：羊腩；13：后腱子；15：羊尾。

羊各部位的合理使用方式如下：

（1）羊头、羊尾：肉少、皮多，宜用于卤、红炖。

（2）前腿：位于颈肉后部，包括前胸和前腱子的上部。羊胸肉脆，宜用于烧、炖。其他的肉多筋，只宜于烧、炖、卤、熬等。

（3）颈肉：肉质较老，夹有细筋，可用于红烧、卤、炖、熬以及制馅等。

（4）前蹄、后蹄：肉老而脆，纤维很短，肉中夹筋，适宜于烧、炖、卤制等。

（5）脊背（扁担肉）：包括里脊和外里脊。外里脊位于脊骨外面，呈长方形，外面有一层皮筋，纤维斜长细腻，用途较广，宜用于烤、爆、炒、炸、涮等。里脊位于脊骨两边，形如竹笋，是羊身上最嫩的两条肉，外有少许的筋膜包住，去膜后用途与外里脊相同。

（6）肋条：位于肋骨的内部，方形，无筋，肥瘦兼有，适用于烤、炒、爆、焖、涮等。

（7）胸脯、腰窝：胸脯肉位于前胸，形似海带，肉质肥多瘦少，肉中无皮筋，性脆，适用于烤、爆、炒、焖等。腰窝肉位于腹部筋骨近腰处，肉内夹有三层筋膜，肉质老，质量较差，宜于卤、烧、炖等。

（8）后腿：后腿的肉比前腿的多且更嫩，用途较广，其中臀尖（大三叉）肉质肥瘦均匀，上部有一层夹筋，去筋后都是嫩肉，可代替里脊肉用。位于臀尖下面的一块瘦肉，叫"磨脽肉"，形如碗，肉质粗而松，肥多瘦少，边上稍有薄筋，宜于烤、炸、炒等。与磨脽肉相连处的是"黄瓜条"，肉质细嫩，一头稍有肥肉，其余都是瘦肉。在腿前端与腰窝肉相近处，有一块凹圆形的肉，内外有三层夹筋，肉质瘦而嫩，叫"后鸡心"（元宝肉），"黄瓜条""后鸡心"均可代替里脊肉用。

4. 鸡的分档及其合理使用

鸡肉的常见分档可分成 7 部分，详见图 3-4。

图 3-4　鸡肉分档

1：鸡头；2：鸡颈；3：鸡脊；4：鸡胸；5：鸡翅；6：鸡腿；7：鸡脚。

鸡各部位的合理使用方式如下：

（1）鸡头：皮薄骨多，全无肉质，一般用于熬汤或作下脚料处理。

（2）鸡颈：皮厚而肉少，骨多，宜取皮或熬汤用。

（3）鸡脊：骨硬肉薄，不宜起肉，但有鸡的鲜味，宜于煲、炖。

（4）鸡翅：肉纹细，筋骨少，肉鲜滑，味清香。在潮菜中，不论筵席散餐，皆能用作上菜的原料，可带骨用于炖、焖等。

（5）鸡胸（包括鸡柳肉）：鸡胸肉除主胸骨外，全无骨骼，是鸡身最嫩部位，肉纹细而瘦肉多，适宜于拉丝、切片，鸡柳肉可用于剁蓉制作较名贵的菜肴。

（6）大腿：肉多而瘦，富有鸡鲜味，宜于起肉切片。

（7）小腿：肉较小而经络多，宜于起肉切丁或制作炸、炖食品。

此外，尚有鸡脚、鸡尾等，皆属下脚料，但如果处理得当，也可作名贵菜肴的原料。

5. 火腿的分档及其合理使用

火腿的常见分档可分成6部分，详见图3-5。

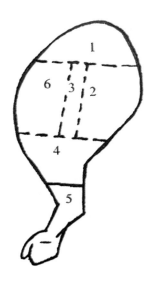

图3-5　火腿分档

1：油头；2：草鞋底；3：升；4：手袖；5：脚；6：枚头。

火腿各部位的合理使用方式如下：

（1）油头：宜焖、烧。

（2）草鞋底：宜切片，用于炒、拼。

（3）升：又称为针肉，宜于切丝。

（4）手袖：宜于炖汤。

（5）脚：宜于制炖品，如炖三脚。

（6）枚头：改出的腿碎，用刀背可剁成蓉。

第七节　整料出骨

一、概念

整料出骨，是剔除整只原料的全部或主要骨骼，而基本保持原料原有完整形态的一项加工技术。

二、作用

1. 提高菜肴价值，展示精湛厨艺

利用鸡、鸭、鱼制作的菜肴难以计数，其价值各不相同，同样的原料烹调出的菜肴的价值高低，除了取决于辅料和调料的贵贱之外，再就是决定于工艺的难易程度。加大工艺的复杂性和技术的难度是提高菜肴价值的重要手段。整料出骨是一种工艺性较强、技术难度较大的原料加工技术。通过整料出骨制作的菜肴不仅可以提高价值，还能充分展示厨师的刀工技艺。

2. 促进形态美观，方便食用

经整料出骨的鸡、鸭、鱼等，由于去掉了坚硬的骨骼，躯体变得柔软，便于改变形态，制成有象征性的精美菜肴，如荷包鲫鱼、花篮鳜鱼、葫芦鸭、鸽吞翅、鸽吞燕、糯米酥鸡等。去掉骨骼还可以让食用者免去吐骨头的麻烦。

3. 便于加热成熟，易于原料入味

鸡、鸭、鱼的完整组织形态，对热能向内部的传递和调料向原料内部的扩散及渗透，都有一定的阻碍。整料出骨后，虽然原料外形仍保持完整，但其内壁组织遭到了较大程度的破坏，这无疑会促进成熟，利于入味。这一作用在原料内脏填满辅料和调料时，更为明显。

三、要求

1. 选料必须精细并符合整料去骨的要求

凡作为整料去骨的原料，必须精选肥壮多肉且大小适宜的。例如，鸡应当选用一年左右且尚未开始生蛋的母鸡；鸭应当选用八九个月、约 1.5kg 的肥壮母鸭。这种鸡、鸭肉质既不老也不太嫩，去骨时皮不易破，烹制时皮不易裂。鱼也应选用 1kg 左右的新鲜程度高、肉厚而肋骨较软的鱼，如鳜鱼、鲈鱼、生鱼等。

2. 初加工时要为整料去骨做好准备

（1）宰杀时必须放尽血液，以免皮肉遭其污染，导致色败，影响成菜质量。

（2）鸡、鸭烫毛时，水的温度不宜过高，烫的时间也不宜过长，否则去骨时皮容易破裂。鱼类在刮鳞时不可碰破鱼皮，以免影响质量。

（3）鸡、鸭等先不要破腹取内脏，可等去骨时随着躯干骨骼一起除去。鱼的内脏也可以从鱼鳃中卷出。

3. 去骨注意事项

去骨时必须不损坏外皮，进刀要贴骨，剔下的骨尽量不带肉，肉中无骨，下刀的部位要准确。

实训
项目一　整鸡出骨

材料：嫩母鸡一只（约 1.2kg）。

用具：菜刀、砧板。

操作流程：

（1）划破颈皮，斩断颈骨。在颈部（两肩相夹处）直拉一刀（约 8cm 长），割开颈皮，拉出颈骨，切断（近鸡头处）颈骨，留下皮、头。还可在鸡头宰杀的刀口处割断颈骨，再从刀口中拉出颈骨。

（2）出翅膀骨。从鸡肩部的刀口处将皮肉翻开，使鸡头朝下，再将左边翅膀连皮带肉缓缓向下翻剥，剥至臂膀骨关节露出，把关节的筋割断，使翅膀骨与鸡身脱离，照此法将右边的翅膀骨关节也割断。然后分别将翅膀的左右臂骨（翅膀的第一节骨）抽出斩断，翅膀的桡骨和尺骨（翅膀的第二节骨）可以不抽出。

（3）出躯干骨。把鸡竖放，将背部的皮肉外翻剥离至胸和脊背中部后，又将胸部的皮肉外翻剥离至胸骨露出，然后把鸡身皮肉一起外翻剥离至双侧腿骨处，用刀尖将双侧股骨（大腿骨）的筋割断，分别将腿骨向背后部扳开，露出股骨关节，将筋割断，使两侧腿骨脱离鸡身，再继续向下翻剥，剥离至肛门处，把尾尖骨割断，使鸡尾连接在皮肉上（不要割破鸡尾上的皮肉）。这时鸡躯干骨骼已与皮肉分离，随即将肛门上的直肠割断，洗净肛门处。

（4）出鸡腿骨。将一侧股骨的皮肉翻下一些，使股骨关节外露，用刀沿关节绕割、切断筋，抽出股骨至膝关节（髌骨）时割断，再在近鸡足骨（腓骨）处绕割一周断筋，将小腿皮肉向下翻，抽出小腿骨（胫骨）斩断。小腿骨也可以不抽。

（5）翻转鸡皮的骨骼出净后，仍将鸡皮翻转面向外，鸡肉向内，使其仍然保持鸡的完整形态。

（6）按照潮菜的传统还要将鸡爪指甲、翅膀的尖刺、鸡下巴切除。

成品特点：形态完整。

注意事项：

（1）注意不要损坏表皮。

（2）注意刀口一致，特别是重复刀口时，以免破坏鸡身。

（3）注意用刀安全。

项目二　整鱼去骨

材料：生鱼一条。

用具：菜刀、砧板。

操作流程：

（1）出脊椎骨，将鱼头朝外、鱼腹向左放在砧板上。左手按住鱼腹，右手将刀紧贴鱼的脊椎骨上部横劈进去，从鳃后直到鱼尾劈开一条刀口。用手在鱼身上按紧，使刀口裂开，刀继续贴紧头向里劈过脊椎骨，再将胸骨和脊椎骨相连处劈开（不能弄破腹部的皮）。鱼身的脊椎骨也与鱼肉完全分离出来。在靠近鱼头和鱼尾处将脊椎骨斩断取出，但鱼头、鱼尾仍与鱼肉相连着。

（2）出胸肋骨，将鱼腹朝下放在砧板上，翻开鱼肉，使胸骨露出根端。将刀略斜，紧贴胸骨往下劈进去，使胸骨脱离鱼肉。再将鱼身合起，仍然保持鱼的完整形状。

成品特点：形态完整。

注意事项：

（1）注意不要损坏鱼皮。

（2）注意刀口一致，特别是重复刀口时，以免破坏鱼身。

（3）注意用刀安全。

第四章　潮菜原料的初步熟处理

本章内容：学习潮菜原料初步熟处理的概念和分类，学习初步熟处理的
　　　　　　操作流程和相关注意事项。

教学目的：了解初步熟处理的概念和方法，掌握初步熟处理的操作流程
　　　　　　和相关注意事项。

教学方式：理论讲解法、实践练习法及其他教学法相结合。

教学要求：1. 了解初步熟处理的操作原理和分类。

　　　　　　2. 掌握初步熟处理的操作方法和注意事项。

很多潮菜的制作，在正式烹调之前，都要先进行原料的初步熟处理。这一过程，对于烹制好一个菜肴起到十分重要的作用，可以说，原料的初步熟处理，是烹制好每一道潮菜的前提和基础。没有经过这一步，就不可能烹制出一道高质量的潮菜。

所谓潮菜原料的初步熟处理，是指烹调原料在经过选择、初加工、分档处理后，根据烹制菜肴的要求，把这些烹调原料在油、水或蒸汽中进行预定加热，使其成为初熟、半熟、刚熟或熟透状态。虽然初步熟处理的成品中有熟透的、可以直接食用的原料，如炸好的干果，但是初步熟处理仍然不等于正式烹制，初步熟处理是正式烹制的前奏。

原料经过初步熟处理后开始发生质的变化。初步熟处理使原料达到一定的成熟度，能去除异味，同时使色泽变得鲜艳。

潮菜原料的初步熟处理主要有焯水、拉油、汽蒸三种。

第一节　焯水

一、定义

焯水在潮菜中被称为"炸水"。焯水是指把经过初加工的原料放在煮沸的水中加热至半熟或刚熟状态，随即取出做进一步切配或正式烹调。

在潮菜中，需要焯水的烹调原料范围相当广泛。大部分蔬菜，以及含有血污或有腥、膻、臊气味的动物性原料，在烹调之前，几乎都要做焯水的处理。

二、作用

1. 焯水可以除异排污，使原料口味更纯正

潮菜的一个突出特点便是味尚清鲜，而烹制出来的菜肴要具备这一特点，最根本的方法便是焯水。

潮菜的烹调原料中，有很多带有异味，特别是动物性原料常有膻味、腥味、臭味，如果这些异味不排除，很难烹制出味道清纯鲜美的菜肴。而将这些原料进行焯水，便可以将这些异味分解排除。

潮菜中使用的小部分蔬菜有草酸的涩味和苦辣味，如菠菜、竹笋等，这些蔬菜在烹调前，通过焯水，同样可以将其带有的杂味去除。

2. 焯水可以使蔬菜的色泽更加鲜艳碧绿

潮州地区的蔬菜瓜果，其本身具有丰富、鲜艳的色泽。而在烹调过程中，要把这些丰富、鲜艳的颜色表现出来，就需要进行焯水。这是因为新鲜蔬菜在烹调过程中，其含有的叶绿素中的镁离子与蔬菜中的草酸易形成脱镁叶绿素，使蔬菜颜色变暗。因此，在正式烹调之前利用焯水除去新鲜蔬菜中的草酸，便可以达到使蔬菜保持原来鲜艳色泽的效果。

此外，潮州地区盛产的蔬菜，大部分表面都带有一层或薄或厚的蜡膜。这层蜡膜能起到防御病害的作用，但它在一定程度上阻碍了人们对蔬菜颜色的感受，而焯水则可以溶化蜡膜，使蔬菜颜色看起来更鲜艳。

3. 焯水可以使各种烹调原料成熟时间一致

潮菜烹调原料丰富，烹制每一道菜，往往需要多种主料和辅料，在这些

原料里，有的比较难熟，而有的则很容易熟。如果将这些原料同时烹调，时间短，有些原料还没熟；时间长，则容易熟的原料又会过火。因此，采用焯水这种预熟处理方法能很好地解决这一问题。在正式烹调之前，先对比较难熟的原料进行焯水处理，使这些原料处于半熟或刚熟的状态，然后再和其他容易熟的原料一起煮熟，就可以使所有原料在正式烹调时，成熟时间一致。

　　4. 焯水可以使某些原料便于去皮或切配加工

　　潮州地区盛产各种瓜果，有的在生料时去皮比较困难，如芋头、马铃薯、番茄等，而在生料去皮前对这些瓜果先进行焯水处理，将其放在热水锅中焯一下，再捞出去皮就容易多了。

　　另外，有一些原料，如肥猪肉要切粒或切丝，如果生切会因肥腻不易加工，这时如把肥肉放入热水锅中焯一下水，使其定型变硬，再捞出切配就容易得多。

三、技术要求

　　焯水这一初步熟处理方式在潮菜的烹调过程中经常使用，几乎烹饪大部分潮菜都要经过焯水这一环节。因此，如何对原料进行焯水，努力提高焯水质量，对烹饪好每一道潮菜起到十分重要的作用。

　　潮菜中有许多菜肴需要多种原料，在进行焯水前，要分清这些原料中哪些是有异味的，应该将这些原料和其他原料分开焯水。如果将这些有异味的原料和其他原料一同焯水，经过扩散和渗透作用，其他原料也会沾染上这些异味，严重影响它们的正常口味。例如一道菜中有羊肉、大肠、虾肉，这些原料本身都具有腥味、膻味等杂味，因此在焯水时，就要分开焯水。

　　在对原料进行焯水时，应根据原料的大小、老嫩、厚薄、软硬等情况，适当掌握焯水的时间。如有一些蔬菜较嫩、较软，焯水时间就应该短一点，如时间过久，会影响其色泽，还会使其口感变差，营养成分损失过多；而一些较老、较大、带有骨头的肉类，焯水时间则应该长一些，如一些较大块的羊肉、鹅肉等，焯水时间应该掌握在 1~2 分钟，如时间太短，肉块上的血污、异味尚未除去，则没有达到焯水的目的。

第二节 拉油

一、定义

这是潮菜常用的初步熟处理方法之一，以食用油为主要传热介质。主要指将加工成形的原料，在烹制菜肴之前，投入一定热度的油锅里进行加热，使之成为半成品的熟处理方法。

二、分类

在进行拉油时，根据油温的高低及过油在该菜肴中的作用不同，可分为"滑油""走油"。

滑油，主要运用在一些炒制类菜肴中，是在正式炒制之前所进行的拉油。特点是采用中等油温（三至五成热），多用于丁、丝、片、条等小型原料。如果是动物性原料，一般都要上浆，使原料不直接与油接触，水分因此不外溢，保持柔软滑嫩。

走油，又称炸。走油是一种大油量、高油温的加工方法，油温在七八成热。走油的原料一般都是大型的，通过走油达到炸透、上色、定型的目的。

三、作用

1. 有利于增加菜肴的香味，消除原料的异味

油脂的沸点比较高，有的可到300多摄氏度，在这样高温的条件下，部分原料尤其是动物性原料在过油时，其本身的一些异味就会挥发；同时，油脂本身富含的香味有利于为菜肴增香。如潮菜中用羊肉烹制的菜肴，多数都要经过拉油，然后再进行焖炖，这样，羊肉的膻臊味就大大减少。另如香菇，经拉油之后则香味更加浓烈。

2. 有利于使菜肴更加嫩滑或爽脆

蔬菜原料经过拉油，会更鲜嫩滑润；肉类原料经过拉油，其鲜香爽脆质感尤为明显。

3. 有利于增加原料色泽及使原料定型

潮菜特别讲究菜肴的色泽及形态，而拉油便是使原料增加色泽及定型的一个重要步骤。这是因为在高油温的情况下，原料都能呈现出一种自然的鲜艳色泽。如"五彩鸡丁"中的青椒粒、胡萝卜粒、冬菇粒在拉油后，色泽会十分鲜艳；又如鱼片、虾仁经拉油后，也会变得色白如玉，令人垂涎三尺。

四、技术要求

1. 正确掌握油温

拉油是项细致的操作技术，过火会使原料变老韧，火候不够又达不到烹制菜肴的要求。要使原料拉油恰如其分，首先应正确掌握油温。一般拉油都是热油投料，不是原料与油同时下锅。油经加热之后，油温立即升高，有些原料需要在温度偏低的情况下下锅，有的要在中等油温下下锅，有的则需油温较高时下锅。因此，正确判断油温的高低，按照原料所需的油温拉油，是十分重要的。如"生炒明蚝"要求油五成热即放料，翻动至蚝熟透则捞起。若油温太高会使已挂糊的蚝外表炸焦而里面可能未熟透。

2. 油量要多

拉油一定要有充足的油量，锅里的油必须能淹没原料。油量充足，原料才能受热均匀，翻动自如。否则，有的过火，有的火候不够，烹制出来的菜肴就不能保证质量。

3. 不同性质的原料要分开拉油

有些菜肴，主料要拉油，辅料也要拉油，一般都要分别处理，不能贪求方便而"一锅煮"。

4. 正确掌握拉油时间，控制原料受热程度

蔬菜类原料拉油，时间都比较短；肉类原料拉油的要求就多种多样，比较复杂。拉油更需掌握分寸，如"油泡马鞍鳝"使用的鳝鱼肉加湿粉下锅拉油至八成熟，就需捞起。拉油要掌握油温，要控制时间，对有的原料，还要善于从表面色泽进行鉴别，使拉油能按菜肴烹制需要，达到恰如其分。

5. 掌握拉油原料的数量

若拉油的原料太多，不宜一次拉油，而应分次处理。原料太多，尤其是含水量较多的（如蔬菜类），倘若投料过量，势必使油的热度急剧下降，这样控制拉油的时间和掌握原料受热的程度均较困难。故必须根据油的多少，投放适量的原料，使拉油原料适合菜肴烹调需要。

6. 注意原料的翻动

为使原料受热均匀，拉油时要对原料进行翻动。翻动要从原料的特点出

发。小块原料翻动要频繁；大块原料受热面大，受热速度较慢，一般要受热到一定程度之后才翻动，因此翻动较少；酿有辅料的主料，翻动则要小心，防止破坏菜肴造型。翻动是为了使原料受热均匀，并可防止原料互相粘连、粘锅和炸焦。

第三节　汽蒸

一、定义

汽蒸在潮菜中又称为"炊"，即先将锅中的水加热至沸腾，再将加工整理的原料放入"炊笼"置于锅上，让蒸汽将原料加热成半熟或刚熟状态的方法。

二、作用

汽蒸作为烹饪原料的初步熟处理方法，在潮菜的制作中，它的使用频率没有焯水、拉油那么高，但在有些潮菜的制作中也还是需要用到的。例如，潮菜中在使用干贝前，就必须将干贝放在盆中加水、姜葱汁、料酒，上蒸笼蒸至干贝可以搓成丝；又如潮菜中的著名小食芋头卷，便是将以芋头丝为主料的馅用腐皮卷起来，放在蒸笼里蒸熟定型，然后切成斜片放入油锅煎炸。

三、技术要求

汽蒸的操作要注意以下两个问题。第一，要根据原料质地的老嫩、体积的大小来控制汽蒸的火力大小和时间长短。一般来说，带骨头的动物性原料蒸的时间要长一点。若潮菜中经常要汽蒸糯米饭作馅料，糯米加水（水不能多，以刚淹过糯米为准）上蒸笼蒸，以20分钟左右为宜，若时间太长，则糯米饭成软烂状态；若时间太短，又会出现糯米夹生的现象。第二，由于放在蒸笼中汽蒸的原料有时有多种，而各种原料所具有的色、香、味各不相同，因而在汽蒸时，要将它们合理放置。一些带有腥膻味、带汁、难熟的原料，应放在蒸笼的下面；一些容易熟、无色、无汁、少味的原料，应放在蒸笼的上面，以避免串味，同时也便于操作抽笼。

第五章　潮菜的烹调技法

本章内容： 详细讲述潮菜的二十八种烹调技法，如炸、蒸、煮等，包括各技法的定义、操作程序、操作要点、菜肴实训等内容。

教学目的： 让学生了解潮菜的每一种烹调技法，掌握其操作程序及要领，使他们在制作菜肴时能恰当及熟练地运用各种技法。

教学方式： 由教师讲述烹调技法的基本理论以及亲身示范，在实际操作中让学生熟练掌握潮菜的烹调技法。

教学要求： 1. 掌握烹调技法的操作程序。

2. 掌握烹调技法的操作要领。

3. 学会将烹调技法恰当地运用到菜肴制作上。

4. 掌握每一种烹调技法中菜肴实训的制作方法。

潮菜是潮州文化的组成部分，历经千余年的发展，凭其悠久的历史和独特的风味饮誉海内外。其突出特点是清而不淡、鲜而不腥、嫩而不生、肥而不腻。

潮菜选料考究、制作精细、刀工精巧、造型优美，充分运用炒、煎、炊、焖、泡、炸、烧、炖、卤、扣、滚等技巧，有烹调七十二技艺之誉。潮菜有许多不同于其他菜系的制作工艺，这也是形成其特色的因素之一。以下详细介绍潮菜的制作工艺，一些常用的工艺将在后面的章节中进行详细介绍。

第一节　炸

一、定义

炸是以油为导热介质，把经过初加工或预制的原料放入热油中加热至物料酥脆的烹调方法。它是潮菜烹调方法中的一个重要烹调技法，也是许多烹调技法的基础。

二、操作程序

（1）进行原料的初加工及刀工处理。

（2）原料上色、腌制。

（3）造型（含卷包、酿等）。

（4）热锅冷油润锅（以防粘锅），下油加热。

（5）原料上粉浆后投入油锅中炸制。

（6）炸至原料呈金黄色或枣红色时取出。

（7）有的菜肴还需倒回锅中与辅料及调味品一起翻匀，或把辅料和调味品放入锅中拌匀后淋在菜肴上。

（8）装盘。

（9）（部分菜肴）跟酱碟上席。

三、操作要领与特点

（一）操作要领

1. 掌握好炸前的上粉上浆

这包括两个方面，一是粉的质量要好，浆的稀稠要符合要求；二是上粉上浆要均匀、厚薄得当。炸前上粉上浆的好坏，直接影响成品的质量。

2. 控制好火候

原料所上粉浆和菜肴制作要求不同，对火候的控制也有所不同。例如，原料表面粘上面包渣的吉列炸，因面包渣易烧焦，故油温要低一些。而为了使体型较大的原料里层能受热，开始油温不能过高，以免出现外焦里不熟的现象。那些不着粉浆的生炸物料，开头温度可高一些，然后端离火位浸炸，有的要返炸。油温的高低直接影响炸品的色泽和炸制效果。因此，掌握好炸的火候是菜肴炸制的关键。

3. 要重视原料的腌制及制品的佐色

原料腌制的时间有长有短。例如"炸酥花雀"只需腌制 10 分钟，而"生炸童子鸡"则要求腌 15 分钟。有些菜肴配料较多，主料与辅料还要分开腌制。如"金钱鸭卷"的主料鸭脯肉切丝后要腌 15 分钟，辅料猪肝、白膘、冬菇等要分开腌 15 分钟。

（二）特点

炸的技法，以大油量为主要特点。实际运用中，因原料质地、形状和口味要求不同，炸的火力不但有旺火、中火、小火之分，也有先旺后小、先小后旺之别。油的温度不但有沸油、热油、温油之分，也有先热后温、先温后热之别，有的还要冷油下锅。所以，具体炸制时，既要考虑到原料质地老嫩和体积大小，又要善于运用火力，调节油温和加热时间；还要用眼睛观察色泽变化，配以技术操作方法，才能制出风味不同的可口炸制菜肴。

四、分类

炸制菜肴的特点是香、酥、脆、嫩、色泽美观、形态各异等。由于所用原料的质地及制品的要求不同，可把炸分为生炸、脆炸、干炸、清炸、软炸、板炸、吉列炸等。

（一）生炸

生炸是指原料经腌制以后，不上粉浆，直接放入油锅炸至表面金黄酥香的方法。生炸需先烧热锅，加入油，把油加热至六成热时把原料放下，然后端离火位浸炸至熟，再回炉以猛火加热，在较高的油温下炸至表面呈金黄色。另一方法是多次炸，即原料入炸一定时间后即取出，略停一下再重新放入油中炸，反复炸 2 ~ 3 次，直至皮脆骨酥时取出。

生炸的成品有些还要回锅加调味品拌匀，以符合对菜肴味道的要求。

（二）脆炸

脆炸是指经加工、腌制后的原料蘸脆浆后，放入油锅中炸至酥脆成菜的烹调方法。

脆炸的发粉或酵母具有使浆"起发"的作用，可使炸品表层酥松，因此配脆浆需用面粉，不宜用生粉。脆炸的油温以六成至七成热为宜，油温过高会出现外焦内生现象，油温过低则浆泻不起发，且质不脆。

（三）干炸

干炸是指把经过调料腌渍，再拍蘸适量生粉、面粉、湿生粉的主料，或拌入生粉、湿生粉的主料放入油锅内炸至内外干香、酥脆可口。干炸菜肴炸制时间较长，开始火要旺、油要热，中途要温火，才能使里外香酥一致。如果主料形态不等，要分次炸制。干炸与焦炸相似，不同之处在于焦炸是挂硬糊，下锅后直炸成菜，中途不退火。因焦炸不属于潮菜特有烹调技法，这里便不多做介绍。

（四）清炸

清炸俗称浸炸。主料生熟均可，因炸时不挂糊、不上浆，故名。清炸必须根据原料的老嫩、大小，掌握好油温和火候。质嫩的条、片、块状小型原料，应在油五成热时下锅，炸的时间要短，约八成熟时即捞起，待油再热时，重炸一下；形状较大的原料，要在油八九成热时下锅，炸的时间要长一些，或间隔地炸几次，再酌情端锅离火几次，待原料内部炸熟后取出，等油温回升到八九成热时，再投入，直至炸到外表发脆。成菜外焦里嫩，含油脂香味。

（五）软炸

软炸是指质嫩、形小的原料经过腌渍后，挂上蛋清糊或全蛋糊，投入中油温的热油中炸制成菜的一种烹调方法。软炸的糊一般是用蛋清加入面粉（或生粉）调制而成的，也有用全蛋加面粉（或生粉）调制的糊。蛋清内含有较多蛋白质，一般来说，在高温中，加热时间越长，蛋白质凝固变化得越快，蛋清质地变得越硬；以中油温、较短时间加热，其凝固变化得慢，蛋清质地较软，软炸利用的便是这一特性。

（六）板炸

板炸又叫炸板、香炸，是引进的西式炸法，是将原料拍粉、拖蛋液或挂糊（一般为蛋糊）后，再粘上一层面包渣（有的叫面包糠、面包屑）或芝麻、果仁等，下油锅去炸。板炸的原料要加工成排状或较大片的形状，再腌渍，挂糊，粘面包渣或芝麻、果仁炸。面包渣和果仁"抢火"（易焦酥），所以成品特别酥脆。炸制时一般五六成热油温下入原料定型，然后用中小火慢慢炸熟，再大火炸脆使其色泽一致。选择面包渣时要用无糖或含糖量少的，炸制时不易上色焦煳，也可用干馒头制成馒头渣使用，效果也较好。

（七）吉列炸

吉列炸与板炸相似，也是引进的西式炸法，是将原料腌制后，拍粉、拖蛋液或挂糊（一般为蛋糊）后，再粘上一层面包渣或芝麻、果仁等，然后下油锅去炸。需要注意的是，由于面粉和面包渣都是粘上去的，故要保持均匀。

五、菜肴实训

项目一　生炸——生炸乳鸽

一、实训目的

（1）通过该实训的训练，让学生更好地理解"生炸"的概念，并掌握其工艺流程，使成品达到其质量要求。

（2）通过该实训的训练，让学生掌握乳鸽的处理方法和斩件技术。

（3）生炸讲究油温与火候，该实训的训练，利于培养学生对油温的掌控能力，提高学生的烹饪基本功。

二、实训内容

（1）实训材料：

主料：乳鸽两只。

辅料：姜片 15g、葱段 15g。

调料：酱油 15g、味精 5g、辣酱油 5g、白糖 3g、料酒 15g、花生油适量。

（2）实训用具：菜刀、砧板、炒锅、炒勺、筛网、筷子、汤匙、碗。

（3）工艺流程：选料→清洗→晾干→腌制→炸熟→调味→斩件→装盘。

（4）制作方法：

①将乳鸽宰杀后取出内脏，洗净晾干，用酱油、姜片、葱段、料酒、味精调匀，放入乳鸽拌匀腌制约 10 分钟。

②将辣酱油、料酒、白糖调匀备用。

③猛火烧锅，油六成热时放入乳鸽，端离火炉，浸炸至刚熟时即端回炉上，猛火加热将乳鸽炸至表面呈大红色，捞起沥油。将乳鸽放回锅中，倒入已调好的调味汁，拌匀，取出斩件，装盘即可，成品效果如图 5-1 所示。

图 5-1　生炸乳鸽

三、注意事项

（1）掌握乳鸽的处理方法、腌制时间和斩件技术。

（2）掌握放入乳鸽的油温和炸的火候。

项目二　脆炸——香炸芙蓉蚝

一、实训目的

（1）蚝是一种海鲜原料，水分多，通过该实训的训练，让学生学会海鲜包裹上蛋糊再进行炸制的方法，同时学习和掌握调配蛋糊的方法。

（2）通过该实训的训练，使学生更好地理解"脆炸"的操作流程，从而掌握其烹调技法。

（3）通过该实训的训练，锻炼学生技能，使其更好地掌握油温或火候。

二、实训内容

（1）实训材料：

主料：去壳生蚝300g。

辅料：香炸粉30g、鸡蛋1个、生粉15g、面粉100g。

调料：花椒粉、盐、味精、胡椒粉、料酒、花生油各适量。

（2）实训用具：炒锅、漏油网、大勺、筷子、碗、汤勺。

（3）工艺流程：蚝洗净、腌制备用→制作全蛋糊→两者拌匀，炸制→装盘。

（4）制作方法：

①烧锅热水，下蚝过水，之后倒入碗中，加盐、味精、胡椒粉、花椒粉（去泥土味）、适量料酒，拌匀，腌制10分钟左右，腌好后沥干水分。

②备一个碗，打一个鸡蛋，加适量水、30g香炸粉、100g面粉、15g生粉，用筷子打匀，之后加适量油（增加酥脆度），打匀至没有粒状、微稠即可。接着将蚝裹上一层均匀的蛋糊。

③烧锅热油，待油三四成热时，拉起锅，将蚝裹上一层均匀的蛋糊逐个放入锅中油炸，炸的过程中要用勺子搅动，避免粘连。炸片刻后捞出，待油温升高时，重新放入复炸，炸好后捞出沥油装盘，成品效果如图5-2所示。

图5-2　香炸芙蓉蚝

④上桌时搭配橘油酱碟。

三、注意事项

调糊时要适当黏稠一点，以免裹蚝时糊太稀，造成流浆。

项目三　干炸——干炸果肉

一、实训目的

（1）通过该实训的训练，让学生区分"脆炸"和"干炸"的手法，并掌握"干炸"的烹调技法。

（2）"干炸果肉"是一道传统潮菜，运用了"包卷"的手法，且需复炸，该实训有利于培养学生对原料的塑形能力。

二、实训内容

（1）实训材料：

主料：猪前胸肉300g、猪网油400g（用量约200g）、香芋200g。

辅料：红椒10g、鸭蛋50g、生葱50g、生粉120g。

调料：五香粉3g、盐8g、白糖粉5g、料酒5g、花生油适量。

（2）实训用具：菜刀、砧板、炒锅、炒勺、筛网、筷子、汤匙、碗、汤盆。

（3）工艺流程：选料→清洗→切配→制馅→包卷→炸熟→装盘。

（4）制作方法：

①先把猪前胸肉切成中丝备用，香芋去皮洗净切成中丝备用，生葱、红椒洗净切成细丝备用。

②取一个汤盆，倒入猪肉丝、芋头丝、葱丝、红椒丝，加入鸭蛋50g、白糖粉5g、盐8g、五香粉3g、料酒5g、生粉20g，拌匀备用。

③将猪网油漂洗干净、晾干，摊开撒上些许生粉，放入拌好的肉料，均匀地卷成长条形状的"果肉卷"（在卷的时候要注意肉料应裹紧，大小均匀），用刀切成3cm左右长的"果肉块"，再将"果肉块"的两头蘸干粉备用。

④炒锅洗净倒入花生油，用中火加热，当油温烧热至140℃左右时放入"果肉块"炸至熟透，捞起"果肉块"，待油温升至160℃，放入"果肉块"复炸10秒，出锅装盘，上桌时配上梅膏酱即可，成品效果如图5-3所示。

图5-3　干炸果肉

三、注意事项

（1）猪网油用前要洗净沥干。

（2）掌握好包卷的手法，要包紧馅料。

（3）掌握好炸的火候，特别是在复炸的时候。

项目四　清炸——清炸花生

一、实训目的

（1）通过该实训的训练，让学生区分"生炸"和"清炸"的概念，了解并掌握"清炸"这一烹调技法。

（2）此实训讲究火候，利于训练学生扎实的烹饪基本功。

（3）花生仁属坚果类原料，炸时的注意事项较多，通过该实训的训练，让学生了解并掌握坚果类原料的炸法。

二、实训内容

（1）实训材料：

主料：生花生仁 500g。

调料：色拉油 1 000g、盐 10g。

（2）实训用具：炒锅、炒勺、盘子。

（3）工艺流程：选料→炸熟→撒盐→装盘。

（4）制作方法：

①炒锅洗净烧热，倒入油，下花生仁，油加热到快要冒大泡时，用炒勺不断推转花生仁，避免花生仁沉底而烧焦。

②油面的大泡变成小泡，同时花生仁噼啪作响时，捞一点在炒勺中晃动，听到嗖嗖作响，色彩微黄时，可迅速捞起，撒上盐拌匀摊开放凉即成，成品效果如图 5-4 所示。

图 5-4　清炸花生

三、注意事项

（1）花生仁容易炸过火，油量要较多，油量多容易控制油温。

（2）炸时要不断搅拌，避免花生仁沉底而炸焦。

项目五　板炸——玻璃酥鸡

一、实训目的

（1）通过该实训，让学生掌握"板炸"的烹调技法。

（2）板炸的原料要加工成排状或较大片形状，讲究刀工，炸时亦考究油温、火候，有利于培养学生的动手能力，提高其烹饪基本功。

二、实训内容

（1）实训材料：

主料：鸡肉350g。

辅料：韭黄粒20g、荸荠粒25g、面粉50g、鸡蛋1个、火腿25g、白膘肉30g、葱和姜适量。

调料：味精5g、料酒10g、盐8g、胡椒粉1g、香麻油3g、上汤、花生油适量。

（2）实训用具：菜刀、砧板、炒锅、炒勺、筛网、筷子、汤匙、碗。

（3）工艺流程：选料→清洗→晾干→腌制→炸熟→勾芡→切件→装盘。

（4）制作方法：

①将鸡肉切成薄片，盛在碗内用葱、姜、料酒、味精、盐、蛋清腌制。把火腿和白膘肉切成适当的薄片备用。

②盘底抹上一层油，把已腌好的鸡肉片平铺在盘，上面放上白膘肉，抹上一层蛋清后再放上火腿片，上面撒上韭黄粒、荸荠粒，再均匀地抹上一层蛋清，最好在上面再撒上一层面粉待用。

③炒锅下油烧至油温七成热时将鸡肉片炸熟。

④炒锅洗净，倒下上汤，加入盐、味精、胡椒粉、香麻油勾

图5-5　玻璃酥鸡

芡成玻璃淋在盘中，再摆上肉片即可，成品效果如图5-5所示。

三、注意事项

（1）鸡肉要切成薄片，但要整块相连。

（2）注意掌握放入鸡肉片的油温和炸的火候。

项目六　吉列炸——吉列鳜鱼

一、实训目的

（1）"板炸"与"吉列炸"都是从西餐引进的烹调方法，二者相似，该实训利于学生区分两者，并掌握相关的工艺流程。

（2）通过对鳜鱼的处理，让学生掌握取鱼肉的方法。

（3）通过这道菜的学习与制作，让学生更好地掌握潮菜摆盘特点。

二、实训内容

（1）实训材料：

主料：鳜鱼500g。

辅料：面包渣50g、姜5g、葱5g、鸡蛋1个。

调料：料酒3g、味精3g、盐3g。

（2）实训用具：菜刀、砧板、炒锅、炒勺、碟子。

（3）工艺流程：原料腌制→拍粉→热油→油炸→起锅→摆盘→成菜。

（4）制作方法：

①将鱼两边的两条肉取出，然后把胸骨去掉，切成5~6mm长的连皮段，然后去皮，把鱼肉块切成约0.4cm厚、4cm宽的片，放于碟子内备用。

②把鱼放在碟子上，在鱼的表面放适量的味精和盐。把一小块姜放在砧板上，用刀背用力拍一下，然后把葱段折起来，一同拿在手中，再往手里倒适量的料酒，用力地把汁挤在鱼身上，搅拌均匀，腌制5~6分钟，再把葱和姜去掉。最后在鱼表面加入少量的蛋液，拌匀，备用。

③把腌制好的鱼肉片一片片均匀地裹上面包渣，裹的时候要压一下，以防面包渣过多地滑落。

④炒锅洗净，加油，加热至油三四成热时将鱼肉一片片下入油锅。在将鱼肉下入锅内后，先不要动，让鱼定一下型，再对锅进行推拉（晃锅），然后用铁勺不时对鱼进行搅拌，炸制一会，同时把面包渣捞出，差不多可以起锅的时候把油温升高，逼出鱼片的油，炸至金黄，与油一同倒出，装盘即可，成品效果如图5-6所示。

图5-6　吉列鳜鱼

三、注意事项

（1）在炸制鱼肉时，要防止鱼肉粘锅、过熟。

（2）在炸制鱼肉的过程中，要掌握好火候，将油控制在三四成热，至鱼肉差不多可以起锅的时候便可提高油温，把鱼肉内的油逼出，以防鱼肉吸油过多，失去脆的特点。

（3）除了可以做成这种口味外，还可以做成酸甜、橙汁等口味。其他腥味没那么重的淡水鱼都可以做这道菜。

第二节　炒

一、定义

炒是以油为主要导热体，将加工成丁、丝、条、球、片等形状的原料投入炒锅，用中旺火在较短时间内快速烹制，加热成熟，调味成菜的一种烹调方法。它是最广泛使用的一种烹调方法。

二、操作程序

（1）对原料进行刀工处理。

（2）进行主辅料的预处理（腌制、上浆、拌粉等）。

（3）调碗芡。

（4）主料拉油或炒制。

（5）加热油锅炒辅料，然后投入主料（或主辅料同时下锅），迅速翻炒。

（6）调入碗芡。

（7）加香麻油或其他必要的调料。

（8）装盘上席。

三、操作要领与特点

（1）炒的时间要短，原料必须细嫩、新鲜，且不带骨头。原料须经刀工加工成小件，不宜厚、大。一般都用猛火快炒，要求动作迅速，环环相扣，使炒出的菜肴鲜嫩爽脆。

（2）用炒法烹制的菜肴，绝大多数主料都拌湿粉后拉油，而且常把拉油炒制的菜肴的名称加上"生炒"两字，如"生炒螺片""生炒明蚝""生炒明虾""生炒鸡球"等。

（3）炒的菜肴有的需要勾芡，有的不需要勾芡，这主要根据主料、配料的性质与菜肴制作的要求决定。如"炒麦穗花鱿"既拉油又勾芡。勾芡能把溶入菜汁的香料、调料黏附到主料上，增加菜肴的鲜香美味。"炒桂花鱿"既不拉油，又不勾芡。因为鱿鱼已切成丝，辅料也已切丝或剁成泥蓉，并与调料、鸡蛋拌匀，所以直接上炒锅炒熟即可。

（4）炒的菜肴的主辅料投料顺序也根据原料特点和菜肴制作需要而定，不拘一格。分下列几种情况：

①主料拉油后捞起，现炒辅料，然后在辅料将熟或刚熟时投下主料合炒，调入调料炒匀即上盘，如"生炒螺片""生炒鳝鱼"。

②主料与辅料、调料拌匀，同时投入炒锅中炒，如"炒芙蓉虾""生炒鸡米"。

③主料与辅料分开炒后上盘，如"生炒墨斗"用芥蓝心垫底，芥蓝心需先炒后上盘；"生炒沙虾"需韭黄垫底，韭黄同样先炒。

四、分类

在潮菜中，根据炒前原料的性质特点，可分为生炒、熟炒、软炒、滑炒、拉油炒。

（一）生炒

1. 定义

生炒指的是将主料与辅料直接投入旺火热油的炒锅中，迅速翻炒至熟，装盘成菜的烹调方法。广东一带俗称"直炒"。

2. 特点

（1）菜肴由动植物性原料组成。

（2）肉料不用泡油，烹制过程不用换锅，一锅成菜。

（3）中旺火烹制。

（4）成品锅气浓、原味足、芡实、色鲜。

（二）熟炒

熟炒是将切成大块的原料经过水煮、烧、蒸等熟处理方法加工成熟料后，再改刀成片、丝、丁、条等形状，与辅料、调料调匀之后，投入热锅内快速翻炒而成菜的烹调方法。（注意：这里的"熟料"，是指经煮熟或烫熟的原料，

不是经拉油而熟的）

（三）软炒

1. 定义

软炒是指把软烂或液态的主料与辅料、调料调匀后，倒入炒锅中炒熟成菜的烹调方法，也称"推炒""泡炒"，广东一带俗称"湿炒"。

2. 特点

（1）软炒所使用的火不宜太猛，油不宜太多，炒的时间不宜长，以炒熟为准，如炒蛋类，炒熟即装起，否则会变老。

（2）辅料常炒熟后调入，不勾芡。

（3）不用调料改变原料色泽或调出菜肴色泽，以保持原料本色为美。

（4）成品细软滑嫩，色泽清新，多为白色。

（四）滑炒

1. 定义

滑炒是指选用质嫩的动物性原料经过改刀切成丝、片、丁、条等形状，经调味后，用蛋清、生粉上浆，用温油滑散，炒到原料九成熟时出锅，再炒辅料，待辅料快熟时，投入主料同炒几下，勾薄芡起锅的烹调方法。因初加热采用温油滑，故名滑炒。

2. 操作要领

（1）必须将锅洗干净，烧热，并用油滑过。锅烧热，能使锅底的水分蒸发干净，用油滑过，可使锅底滑润，防止原料粘在锅底。要注意的是，锅不能烧得太热，否则原料下锅沉入锅底后骤遇高温，也会粘在锅底上。

（2）下料时要控制油温的变化。原料数量多，油温要相对高些；原料体型较大，易碎散的，油温应相对低些。具体来说，容易滑散且不易断碎的原料可以在温油烧至四五成热时下锅，如牛肉片、肉丁、鸡球等；容易碎散，体型又相对较大的原料，如鱼片，则应在油温烧至二三成热时下锅，且最好能用手抓，分散下锅；一些丝、粒状的原料，一般都不易滑散，有些又特别容易碎断，可以热锅冷油下料，如鱼丝、鸡丝、芙蓉蛋液等。

（3）下料后要及时滑散原料，防止挂糊粘连成块。油温过低，原料在油锅中没有什么反应，这时最容易脱浆，应稍等一下，不要急于搅动，等到原料边缘冒油泡时再滑散。油温过高，则原料极易黏结成团，遇到这种情况，可以把锅端起来，或添加一些冷油。

（4）滑散的原料要马上出锅，并沥净油。形态细小的原料不太容易沥净油，一般要用勺子翻拨几次，倘若油沥不干净，很可能导致在炒拌和调味阶段勾不上芡，会影响菜的味道。

（五）拉油炒

1. 定义

将经刀工处理好的肉料拌以基础味，蘸上薄湿粉，放入油温适当的热油中浸泡至刚熟，再与经初步熟处理过的辅料一起翻炒、调味、勾芡成菜的烹调方法。

2. 特点

（1）由动植物性原料共同组成菜肴。许多固体大型原料，先被加工成了丁、丝、粒、片、花球、段等细小形状。

（2）用火偏猛，成菜较快。

（3）滋味偏于清、鲜、爽、嫩、滑，锅气浓烈；芡紧薄而油亮，不泻油，不泻芡。

（4）成品色泽鲜明，味鲜质爽。

五、菜肴实训

项目一　生炒——生炒鸽松

一、实训目的

（1）了解鸽子的整体构造，学习取出鸽肉甚至是起全鸽的技艺。

（2）通过该实训的操作，掌握好"生炒"这一烹调技法。

二、实训内容

（1）实训材料：

主料：乳鸽两只约500g。

辅料：湿香菇20g、瘦猪肉100g、荸荠100g、韭黄20g、火腿10g、湿生粉10g、生菜100g、薄饼皮200g。

调料：陈醋10g、味精2g、香麻油2g、盐6g、胡椒粉0.5g、花生油适量。

（2）实训用具：漏勺、炒锅、炒勺、菜刀、砧板、盘子。

（3）工艺流程：乳鸽初加工，取出鸽肉→鸽肉、猪肉制成肉松、炸熟→荸荠、韭黄、火腿、香菇切细丁→爆炒肉松及以上原料→调味→装盘。

（4）制作方法：

①宰杀乳鸽，脱净毛，开腹去掉内脏，用刀取出鸽肉，然后和瘦猪肉一起剁成肉松，加入10g湿生粉拌匀备用。

②将荸荠、韭黄洗净，切成细丁备用，把火腿、湿香菇（去蒂）切成细丁备用。

③洗净炒锅，用大火加热，倒入少量的油润锅，再加入适量的油，待油

温升至五成热时倒入肉松，炸熟，捞起沥干油备用。

④洗净炒锅，倒入少量的花生油，用大火加热，把火腿、荸荠、韭黄、香菇炒香，加入肉松、调料、爆炒，炒匀后盛入餐盘中。将生菜修切成圆形整齐摆进小盘中和肉松、薄饼皮一起上桌，并配上陈醋两碟作佐料即可，成品效果如图 5 - 7 所示。

图 5 - 7　生炒鸽松

三、注意事项

（1）油炸肉松时要控制好油温，油温过高或过低都会影响到肉松的口感。

（2）爆炒时速度一定要快，不然荸荠、韭黄就失去了脆嫩的口感，颜色也会变老、变焦。

（3）"生炒鸽松" 本是一道广州菜，与潮菜的生炒较大的区别在于潮菜的生炒是经过拉油的，而广州菜是不经过拉油的。

项目二　熟炒——熟炒薄壳米

一、实训目的

（1）通过该实训，让学生掌握 "熟炒" 的烹调技法。

（2）学习从薄壳中取出薄壳米（薄壳肉）的方法。

（3）加深对 "熟炒" 这一定义的认识。

二、实训内容

（1）实训材料：

主料：薄壳 1 000g。

辅料：葱 50g、蒜头 10g。

调料：鱼露、味精各适量。

（2）实训用具：菜刀、砧板、炒锅、筷子、炒勺、碗、盘子。

（3）工艺流程：薄壳洗净烫熟→取出薄壳米沥干水分→蒜头、葱切配→爆炒→调味→装盘。

（4）制作方法：

①薄壳洗净，冷水下锅烫熟，烫的时候要用筷子搅拌，所有的薄壳都开口后，关火，稍微冷却后挑掉壳，去掉泥线。

②捞出薄壳米沥干水备用。

③蒜头剁碎、葱切段。

④洗净炒锅，加少许油润锅，待油热先爆香蒜头、葱头，再加入薄壳米炒至其弹跳时下葱段，然后下鱼露、味精调味，即可出锅，成品效果如图5-8所示。

图5-8 熟炒薄壳米

三、注意事项

（1）薄壳带较多泥沙、泥线，需清理干净，以免有卫生安全问题及影响菜品质量。

（2）薄壳米本身自带咸味，因此调味时不用加太多鱼露。

项目三 软炒——炒芙蓉虾

一、实训目的

（1）了解虾、蛋等原料的生理特性，掌握这些原料的制熟原理。

（2）通过该实训的训练操作，掌握"软炒"这一烹调方法。

（3）学习掌握软炒时的火候控制技巧，火不宜猛，油不宜多，以炒熟为准。

二、实训内容

（1）实训材料：

主料：虾仁300g。

辅料：鸡蛋3个、笋片50g、湿香菇10g、葱段15g。

调料：盐5g、味精3g、胡椒粉1g、猪油100g。

（2）实训用具：炒锅、炒勺、盘子、大碗。

（3）工艺流程：腌虾仁→拌鸡蛋液→炒制→装盘。

（4）制作方法：

①将虾去掉头尾，剥掉虾壳，下适量的盐、味精腌制，放在一边待用。

②将鸡蛋去壳盛入碗中，加入味精、盐、胡椒粉、虾仁、香菇、笋片、葱段拌匀。

③烧热炒锅，放进猪油，把拌好的原料倒入锅中，炒熟（蛋液不流动，没有汤汁即可）装盘，成品效果如图5－9所示。

图5－9　炒芙蓉虾

三、注意事项

（1）鸡蛋要先调好味，以免炒制时手忙脚乱。

（2）运用猪油来炒制会使得菜有更加滑嫩香口。

项目四　滑炒——翡翠虾仁

一、实训目的

（1）通过该实训的训练，让学生掌握"滑炒"的烹调技法。

（2）由于滑炒要求原料上浆，因此要掌握下料时的油温控制以及下料手法，防止粘锅。

（3）通过该实训的训练，让学生了解烹饪材料的相互搭配，了解韭菜与虾的搭配能够互相衬托出各自特有的鲜香味。

二、实训内容

（1）实训材料：

主料：鲜虾600g。

辅料：韭菜300g、姜10g、葱10g、高级清汤50g。

调料：盐6g、味精2g、胡椒粉1g、料酒5g、湿生粉5g、花生油适量。

（2）实训用具：菜刀、榨汁机、砧板、炒锅、炒勺、碗、筛网。

（3）工艺流程：选料→清洗→切配→打汁→腌制→裹汁→滑炒→装盘。

（4）制作方法：

①把韭菜洗净，去茎留叶切成小段，放入榨汁机内，加入适量的清水打成韭菜汁，滤去渣备用。

②鲜虾洗净，去掉头和壳，剥成虾仁，在虾仁背部开上一刀（约3/4深）去掉虾肠，用姜、葱、料酒腌制5分钟，加入少量的盐搅拌均匀，使虾仁开始发黏起胶，再加入少量的韭菜汁和少量的湿生粉搅拌均匀，腌制10分钟备用。

③炒锅洗净倒入少量的花生油，用大火加热，当油温升至五成热时，倒入虾仁滑油，滑到虾仁白里透红时（九成熟）捞起虾仁沥干备用。

④炒锅洗净，加入高级清汤、韭菜汁、盐、味精、胡椒粉用小火煮开，勾入薄芡，倒入虾仁翻炒均匀，出锅装盘即可，成品效果如图5-10所示。

图5-10　翡翠虾仁

三、注意事项

（1）韭菜需滤去渣，以免最后勾芡时留下的残渣裹在虾表面，影响美观。

（2）虾改花刀时，注意从背部用平刀法下刀，且不可一刀切断，否则制熟时无法卷成美观的球形。

（3）鲜虾含水量较高，在过油制熟时注意控制好油温、过油时间，避免出现肉质过老甚至炸焦的现象。

（4）在加韭菜芡汁时因难以把握黏稠度，所以应分两次下，以达到韭菜汁均匀裹在虾球表面的效果。

项目五　拉油炒——沙茶炒鸡丝

一、实训目的

（1）通过该实训的训练，让学生掌握"拉油炒"的烹调技法。

（2）此实训讲究刀工和火候，要求掌握拉油前的原料刀工处理、拉油时的油温控制及拉油炒时的火候控制。

二、实训内容

（1）实训材料：

主料：鸡胸肉300g。

辅料：青椒100g、笋50g、胡萝卜50g、水发香菇50g、鸡蛋1个。

调料：盐2.5g、味精2.5g、料酒25g、沙茶酱20g、香麻油1g、湿生粉25g、上汤75g、花生油适量。

（2）实训用具：菜刀、砧板、炒锅、筛网、筷子、炒勺、汤匙、碗。

（3）工艺流程：选料→清洗→切丝→鸡丝拉油→辅料翻炒→合炒→勾芡→装盘。

（4）制作方法：

①将鸡胸肉、青椒、笋、胡萝卜和香菇均切成中丝。把鸡丝盛于碗中，加入蛋清、湿生粉拌匀待用。

②炒锅烧热加入花生油，烧油至五成热时将鸡丝下锅拉油，捞起待用。趁热将青椒丝、笋丝、胡萝卜丝和香菇丝倒入炒锅中翻炒至刚熟，加入鸡丝，烹入料酒，加入沙茶酱，再炒几下倒入上汤，加味精、盐，用湿生粉勾芡，加入香麻油，炒匀装盘上席，成品效果如图5-11所示。

图 5 - 11　沙茶炒鸡丝

三、注意事项

（1）刀工要利落，切的形状大小要一致、均匀。

（2）把主料切成中丝，用蛋清、湿生粉拌匀。

（3）要掌握好拉油的油温。

第三节　煎

一、定义

　　煎是将原料放入有少量油的热锅中，利用金属和油传热，把原料两面翻煎至呈金黄色，再调入调料或加入汤水，勾芡成菜的烹调方法。煎有干煎、湿煎、半煎煮等多种，由于原料不同，大小不一，火候、芡色也有所不同。

二、操作程序

（1）对原料进行刀工处理。

（2）调配调料。

（3）用中火烧热锅，放入底油。

（4）将原料排入热锅里，用中火或慢火煎至两面呈金黄色。

（5）加调料或汤水，勾芡。

（6）装盘上席。

三、操作要领与特点

（1）煎的原料除液态的（如鸡蛋）外，经刀工处理的都必须两面扁平，并且不宜太厚，以免外焦内生。

（2）煎制的油量要适量，若发现油太少，需中途适当添加，以免原料粘锅或烧焦；若油太多，需将多余的油铲出或倒出。

（3）若煎制面积大的原料，为使受热均匀，必须注意移动锅位和搪动原料，使靠近边缘的原料均匀受热。使用凹形锅，尤需防止锅中心部位的原料烧焦。

（4）煎制的菜肴，具有色泽金黄、造型美观、肉嫩味香的特点。

四、分类

潮菜的"煎"有干煎、湿煎、半煎煮和半煎炸四种。

（一）干煎

干煎是将原料平放入有底油的热锅中，用中火或慢火煎至原料两面呈金黄色、熟透，然后调味成菜的烹调方法。

（二）湿煎

湿煎是把原料排入有底油的热锅中，煎至表面呈金黄色后投入料头，加汤水并调味打芡成菜的烹调方法。

湿煎与干煎的主要区别在于湿煎的原料煎熟后加汤水再勾芡，因而菜肴有芡汁黏附于表面。干煎不加汤水，不打芡。

（三）半煎煮

半煎煮是将原料放入有底油的热锅中，煎至半熟或刚熟后加汤水、配料，调味成菜的烹调方法。

半煎煮的物料有的是完整的原料，要煎至全熟较难，故要在半熟或将近熟时放入汤水煮。扁薄小件的原料，煎熟便可下汤，不一定要煎至金黄色。半煎煮的配料，如果需要炒香或不易熟透的，需另炒后于加汤水时投入。半煎煮的菜肴，为达到鲜甜的质量要求一般不先腌制，也不勾芡，留下一些鲜美汤汁佐味。

（四）半煎炸

半煎炸是锅中放较多的油煎熟原料的烹调方法，此法多用于煎制原料较厚的菜肴。但油不淹过原料厚度的一半，这与炸有所不同。

五、菜肴实训

项目一　干煎——香煎银鲳鱼

一、实训目的

（1）了解银鲳鱼的初加工操作过程，巩固鱼类初加工的技能。

（2）让学生通过实际操作，更好地掌握"干煎"这一烹调技法，并将其与"湿煎"区分开来。

二、实训内容

（1）实训材料：

主料：银鲳鱼1条（700g）。

辅料：姜15g、葱15g。

调料：牛油10g、美极酱油10g、柠檬汁5g、盐5g、味精2g、料酒8g、白葡萄酒5g。

（2）实训用具：菜刀、砧板、煎锅、筛网、筷子、铲勺、汤匙、碗。

（3）工艺流程：选料→清洗→切配→调味腌制→辅料翻炒→煎熟→装盘。

（4）制作方法：

①将鱼去鳃、去鳞、去内脏后洗净，用斜刀将鱼均匀切成5块（鱼身和刀的角度约45°），再加入姜葱汁、料酒、盐、味精，腌制30分钟，取出鱼块沥干水分备用。

②煎锅加入适量的牛油，烧热，用中小火把银鲳鱼煎至两面断生、色泽金黄，洒入白葡萄酒、美极酱油、柠檬汁继续煎至无汤汁，出锅后将鱼块重新摆成鱼形即可，成品效果如图5-12所示。

图5-12　香煎银鲳鱼

三、注意事项

（1）鱼要清理干净，斜刀的角度和力度须把握好。

（2）鱼块下锅前一定要沥干水，腌制的时间要较长，不然鱼块在煎制过程中易碎。

（3）需将汤汁煎至完全收干。

项目二　湿煎——湿煎鲫鱼

一、实训目的

（1）了解鲫鱼初加工的操作过程以及在烹饪中的运用。

（2）经实际操作，掌握"湿煎"这一烹调技法，并将其与"干煎"更好地区分开来。

（3）掌握"煎"这一烹调技法在操作过程中对油温的控制。

二、实训内容

（1）实训材料：

主料：非洲鲫（罗非鱼）1 条。

辅料：姜片（约7mm厚）、葱 2~3 段。

调料：料酒、盐、味精、酱油、喼汁、生粉均适量即可。

（2）实训用具：煎锅、铲勺、盘子、菜刀、砧板。

（3）工艺流程：清洗→切配→腌制→拍粉→慢火煎→调味→装盘。

（4）制作方法：

①将鱼洗净并去内脏、去鳞。

②在鱼身上横着斜45°进行花刀处理。

③姜片拍碎，葱切段，放在手中倒上少量料酒挤压制出姜葱汁淋在鱼上，加上适量盐、味精、酱油后腌10分钟左右。

④下锅前在鱼的正反面拍上薄薄的一层生粉并戳破鱼眼。

⑤加少许油润锅后重新加油，油量大概为鱼厚度的1/3，当油温为四五成热时将鱼沿锅放入，不断旋锅使鱼充分受热，五成熟时将鱼翻面继续煎，正反面共煎四次。

⑥勺中加入味精、酱油、喼汁，淋于鱼表面，同时加入芡汁，最后猛火收汁出锅，成品效果如图5-13所示。

图 5 – 13 湿煎鲫鱼

三、注意事项

（1）润锅是为了避免之前残留的锅底在煎鱼过程中粘住鱼皮，这样出锅的鱼身会因鱼皮残缺而不美，当然，油温也是影响因素之一。

（2）在花刀时，万不可切断鱼腹的刀口，否则出锅后会影响鱼身的美观。

（3）戳破鱼眼是为了避免煎鱼时油热使鱼眼爆破而喷油。

（4）鱼翻面时可先将油倒出，防止热油溅出，同时鱼身横着更易翻动。

项目三 半煎煮——半煎煮鲈鱼

一、实训目的

（1）了解鲈鱼初加工的操作过程以及在烹饪中的运用。

（2）通过实际操作，掌握"半煎煮"这一烹调技法，更好地将其与其他烹调技法区分开来。

二、实训内容

（1）实训材料：

主料：鲈鱼1条（600g）。

辅料：肉片100g、湿香菇50g、笋花75g、姜10g、葱5g。

调料：酱油10g、盐5g、味精5g、料酒10g、白糖3.5g、花生油100g、上汤1 000g。

（2）实训用具：菜刀、砧板、煎锅、筛网、筷子、铲勺、汤匙、碗。

（3）工艺流程：选料→清洗→切配→煎半熟→调味煎煮→淋汁→装盘。

（4）制作方法：

①将鱼去鳃、去鳞、去内脏后洗净，葱切段、姜切丝备用。

②烧热锅，放入花生油，再放入鱼，煎至半熟后取出。在锅中投入肉片、香菇、笋花、姜丝，略炒，放入鱼，加料酒，放入上汤、酱油、味精、白糖、盐，盖上锅盖，用文火加热10分钟后将鱼装盘，把锅中汤汁勾芡烧浓后放入葱段，将汤汁均匀淋在鱼上即可，成品效果如图5-14所示。

图5-14　半煎煮鲈鱼

三、注意事项

（1）鱼要清理干净，鱼下锅前一定要沥干水。

（2）勾芡后汤汁一定要浓稠，淋在鱼身上才不易泻芡。

项目四　半煎炸——煎酿豆腐

一、实训目的

（1）了解鱼胶的制作原理、制作方法以及在烹饪中的运用。

（2）通过实际操作，掌握"半煎炸"这一烹调技法，更好地将其与其他烹调技法区分开来。

（3）学习如何将馅料酿入豆腐里面，了解相关的注意事项。

二、实训内容

（1）实训材料：

主料：板豆腐2块。

辅料：马鲛鱼肉400g、半肥瘦猪肉100g、咸鱼肉50g、葱粒和荸荠粒适量。

调料：盐6g，胡椒粉1g，生粉、生抽、花生油各适量。

（2）实训用具：煎锅、蒸笼、铲勺、大碗、筷子、菜刀、砧板、汤匙、盘子。

（3）工艺流程：豆腐初加工→制馅料→造型→煎炸至微黄→装盘。

（4）制作方法：

①把豆腐用水轻轻冲洗，沥干水分，每块切成六小块。

②将马鲛鱼肉切碎，半肥瘦猪肉剁碎，咸鱼肉蒸熟。

③将马鲛鱼肉、半肥瘦猪肉、咸鱼肉放在大碗内加入调料，用手拌匀，打至起胶，然后放入葱粒和荸荠粒顺一个方向搅匀，即为馅料。

④用小匙在豆腐中心挖出凹穴，拍上少许生粉，并把馅料分别酿入豆腐里，再在表面上拍少许生粉。

⑤锅烧热加入适量花生油，用手将豆腐放入锅内，煎炸至微黄色，沥出油，滴入生抽、撒上胡椒粉晃匀即成，成品效果如图5－15所示。

图5－15　煎酿豆腐

三、注意事项

（1）豆腐要清洗干净，沥干水分，防止油滴四溅。

（2）选用肉质松软的鱼肉搅拌起来比较容易，咸鱼则以香味浓郁的为首选。

（3）注意在豆腐表面拍上生粉，煎炸呈金黄色。

（4）运用煎炸技法时需注意油的用量。

第四节　烧

一、定义

烧是主料经过初步熟处理，加入适量汤或水和调料，用旺火烧沸，再改用中小火使之入味，最后用旺火收浓卤汁或淋少许生粉水使汁水浓稠成菜的一种烹调方法。

烧法的种类繁多，每一种类具体做法各不相同，烹调流程也极不统一。烧法的用料广泛，既有生料，也有熟料、半熟料；既有整料，也有碎料；既有挂糊的，也有不挂糊的，情况复杂。而且所有原料都要经过煸、炒、炸、煎、蒸、煮、酱、卤等预制过程，才能进入烧的环节，完成菜肴的烹制。烧法的火候、调味、质感等也是多种多样的。一般来说，烧是以水为传热导体的烹调方法，通常使用中火或小火；用火时间则长短不同，特别是在原料的预制阶段，用的火力更多、更复杂。烧的质感，一般以断生脱骨为恰到好处，脆、酥、嫩都要适当。

烧法的调料多而复杂，口味千变万化。鲜、咸、甜、麻、辣、酸、香，应有尽有，如红烧咸中微甜，而干烧鲜、咸、香、辣，以辣突出。在芡汁上，有的勾芡，有的"自来芡"，有的不勾芡，以勾芡的较多，如干烧的汁少（只见油不见汁）。

二、操作程序

（1）主辅料进行初加工处理。

（2）主料进行腌制、焯水或拉油等预制过程。

（3）辅料进行煸炒等预制过程。

（4）主辅料加入调料与上汤，先猛火烧开后慢火加热。

（5）收汁或勾芡，装盘。

三、操作要领与特点

（一）操作要领

1. 掌握好火候

一般来说，烧使用中等火力，用火时间则长短不同，特别是原料的预制阶段，用的火力更多、更复杂。

2. 掌握勾芡技巧

在芡汁上，有的勾芡，有的"自来芡"，有的不勾芡，以勾芡的较多，干烧的汁少。

（二）特点

烧的特点是主辅料经过加工处理后加入上汤或水和调料烧至收汁成菜。

四、分类

烧制菜肴的特点是汤汁少而浓稠，原料质地软嫩，味道鲜醇。烧法种类繁多，以下列举较具代表性的几种。

（一）红烧

红烧主料多经过初步熟处理，再加入汤和调料，用急火烧开，再改用慢火烧，使味渗入主料内部或收浓汤汁，或再用湿生粉勾芡烹制。红烧在进行熟处理（炸、煎、煽）时，上色不要过重，因原料不同做法也不一样。

（二）干烧

干烧又叫大烧，是将主料经过较长时间的小火烧制，使汤汁渗入主料内。主料以鱼类为多的原料多用炸法，调味必须用辣椒、豆瓣酱等。烧汁要紧，不勾芡、淋明油。

（三）白烧

白烧一般不放酱油，原料经煮或蒸、汆、烫、油滑之后，再进行烧制。主料多为高级原料，如鱼翅、鱼肚等；蔬菜也多用菜心；汤汁一般多用奶汤烧制。

（四）明炉烧烤

明炉烧烤是指新鲜原料经腌制之后，直接置于炉火之上，利用火的直射、辐射热能，将原料烧烤至熟而成菜的烹调技法。明炉烧烤根据菜肴的特点和制作要求，有直接置于炭火上烧烤的，也有利用现代化烹调器械——烤炉烧烤的。

1. 明炉烧烤的操作程序

（1）主辅料加工。

（2）主料腌制。

（3）将主辅料包扎、造型，装入盛器或上钩、上叉。

（4）将原料置于炉上烧烤或送入烤炉中烤。

（5）切件装盘。

（6）跟酱碟上席。

2. 明炉烧烤的特点与操作要领

（1）根据烧烤的形式与特点，掌握好火候。明炉烧烤的炉子是敞开的，而烧烤时有的把原料直接置于火口上，有的装入竹筒内烧，也有的放在铁丝网上，故需根据火力大小和烧制要求，准确掌握火候，以免烧焦或火候不够。

（2）掌握烧烤技术，使原料受热均匀。烧烤的原料有大有小，大如一头小猪，小如一串肉，如何让原料烧透烧匀，色美味香，其中有许多技术性问题。在烧烤过程中，须注意原料各部位的受热情况，经常翻转原料，使其受热均匀。

（3）烧烤的菜肴表面一般呈金黄色或枣红色，具有外酥里嫩、香浓味美、爽脆适口等特点。

五、菜肴实训

项目一　红烧——红烧鱼头

一、实训目的

（1）通过该实训的训练，让学生认识及掌握"红烧"的烹调技法。

（2）通过该实训的训练，让学生掌握处理鱼头的方法。

（3）此实训讲究火候，要求掌握鱼头拉油的油温控制及红烧的火候控制。

二、实训内容

（1）实训材料：

主料：鳙鱼头 750g、芋头 400g。

辅料：姜 10g、蒜头 30g、香菇 10g、红辣椒 10g、葱 10g。

调料：老抽 3g、味精 3g、盐 3g、白糖 6g、胡椒粉 3g、生粉 10g。

（2）实训用具：菜刀、砧板、炒锅、炒勺、筛网、筷子、汤匙、碗。

（3）工艺流程：选料→清洗→切配→拉油→爆香辅料→烧制→勾芡→装盘。

（4）制作方法：

①蒜头去头尾，对半切开；香菇去蒂，对切；姜去皮，切片；红辣椒去籽，切片；芋头切成均匀的块状；鱼头刮去鳞片，切掉鱼鳍，剁成大块，洗净备用。

②热锅下油，芋头过冷水后，当油五六成热时下锅，炸熟后拉离火位，捞起；蒜头入油锅炸至金黄色；鱼头撒上些生粉，下油锅炸，熟后捞干沥油待用。

③姜、葱爆香；芋头、鱼头下锅，加约 500g 水，加入味精、盐、胡椒粉、白糖、老抽进行调味，红烧至汤汁收干便可以加入红辣椒。生粉水勾芡，包尾油，出锅，装盘即可，成品效果如图 5 - 16 所示。

图 5 - 16 红烧鱼头

三、注意事项

（1）芋头在炸之前过冷水是为了洗去表面的一些生粉，避免表面焦化。

（2）注意控制好火候及汤水量，注意其熟度。红烧时水要一次性加足，避免重复加水，否则菜品品质会下降。

项目二 明炉烧烤——明炉烧响螺

一、实训目的

（1）"明炉烧烤"是潮菜比较有特色的烹调技法之一，制法较独特，此实训让学生通过菜肴制作掌握此技法。

（2）让学生由此实训掌握响螺的初步处理方法，以及腌制和灌制响螺、取螺肉及切螺肉的技巧。

（3）明炉烧烤技法讲究对火候的掌握，要求学生控制好火候。

二、实训内容

（1）实训材料：

主料：大响螺 1 个（约 1 500g）。

辅料：生葱粒15g、生姜粒15g、火腿粒10g、上汤100g。

调料：料酒15g、盐8g、生抽15g、味精2g、川椒末0.5g。

（2）实训用具：炒锅、炒勺、盆子、嫩毛竹、刷子、碗、菜刀、砧板。

（3）工艺流程：主料加工、腌制→调制酱汁，淋入主料腹中→主辅料装入盛器，进行明炉烧烤→切配装盘→跟酱料上席。

（4）制作方法：

①将生葱粒、生姜粒、火腿粒放到碗中，加入料酒、盐、生抽、味精、川椒末拌匀调成烧汁备用。

②将大响螺洗干净后，螺口向下放置，让其沥干水分，再竖立起来使螺口向上，把调好的烧汁从螺口慢慢灌入响螺里面，腌制20分钟，然后从螺口灌入上汤（100g上汤分几次倒入，预防响螺因失去水分而烧焦），将大响螺放到特制的炭炉上面烧，在烧制的过程中要稍稍转动螺身，当汤汁较少时就重新加入上汤，烧约25分钟至螺肉收缩、肉和屑脱离即熟。

③挑出螺肉，切去头部污物和硬肉，同时去净响螺的肠，用刀将螺肉的黑色表皮刮干净，然后斜刀切成2mm厚的薄片和柑、火腿片等按照一定的图案摆于盘中即可，螺尾用油炸后放在盘中和螺肉一起上桌，上桌时配上梅膏酱、芥末酱，成品效果如图5-17所示。

图5-17　明炉烧响螺

三、注意事项

（1）根据烧烤的形式与特点，掌握好火候。

（2）掌握好动物性原料的烧烤技术，使原料均匀受热。

第五节　蒸（炊）

一、定义

蒸是将生料或经加工后的半成品盛于器皿中，调味或加汤水，然后放入蒸笼中，以蒸汽为导热介质将原料加热至熟的一种烹调方法。

蒸法的烹调受热条件较好，蒸笼内的高温和一定的气压使原料较易成熟；蒸笼内湿度大，菜肴本身的汁浆和鲜味物质不会像水煮那样溶于水中，菜肴的水分也不会像油炸那样被大量挥发，这些都是使蒸菜质嫩滑润、原汁原味的重要因素。特别是蒸笼内的温度处于稳定状态，不像油炸那样迅速变化，只要掌握好蒸制时间，一般不会发生什么技术问题。尽管如此，蒸法的实际操作并不简单，它要考虑原料性质和体积、菜肴质感、加工处理和调味方法、火力大小与气量多少等多种因素。

蒸在潮菜的烹调中应用很广，它不仅作为一种烹调方法被用以烹制菜肴，还被用于原料的初步熟处理和菜肴的加热、保温。

二、操作程序

（1）对原料进行刀工处理。

（2）主料调味。

（3）配各种辅料。

（4）调味。

（5）入蒸笼蒸熟。

（6）取出。

（7）部分蒸品需勾芡或加包尾油与调料。

（8）跟酱碟上席。

由于原料不同、菜肴烹制的要求不同，对主辅料、调料等的处理方法也不同。

第一，蒸龙虾、膏蟹与肉蟹时，对主料进行刀工处理之后加入必需的调味品，便可放入蒸笼中加热，蒸熟之后取出跟酱碟上桌。主料事先不用腌制，蒸熟后也不用勾芡，原汁原味，保持菜肴清鲜、甜美。

第二，蒸全鱼时，不论海鱼、河鱼还是池鱼，一般在蒸前都要用盐、味精加料酒涂抹鱼身略腌一下。

第三，蒸制花色菜时，主料、辅料与调料常掺在一起拌匀，式样定型后再放入蒸笼。如"蒸珍珠鸡"，鸡胸肉剁成蓉与虾胶、味精、火腿末、荸荠丁拌匀后，捏成24粒丸子，外蘸经泡浸的糯米，摆入盘中上蒸笼蒸熟，取出后还需用上汤加进调料，再勾芡后淋上。

三、操作要领与特点

（1）控制好火候，包括火力的强弱和加热时间的长短。一般来说，蒸鱼、蟹等水产类原料，需用猛火。因水产类原料蛋白质含量高，在高温水蒸气的作用下，蛋白质能很快凝固，从而保持菜肴的营养成分。高温水蒸气的压力，也能使原料内部的水分不易渗出，使蒸出的菜肴外观丰润，肉质嫩滑。水产类原料的蒸制时间，以刚熟为限。以禽畜肉类为原料的菜肴，适宜用中火蒸制。用中火能使禽畜肉类所含的脂肪、水分和营养素不易渗出，蒸出的菜肴色泽明亮、肉质鲜嫩、美味可口。若用猛火蒸则肉质收缩；用慢火蒸则促使肉质内部的脂肪渗出，菜肴缺乏光泽，肉质也变粗韧。禽畜肉类的蒸制时间，要根据原料的性质、菜肴的质量要求和原料大小而定。蒸制蛋类菜肴则需用慢火，慢火使蛋液从外到里逐渐凝固，菜品外酥内嫩，美味可口。若用较大火力蒸制，则其表层很快凝固而里面仍为液态，在蒸汽高温作用下，内部的液体冲破已凝固的表层，使蛋品表面形成泡沫状，既不美观，又降低菜肴质量。

（2）原料上蒸笼时，要把粗硬的、难熟的、大块的、汁少的摆在上面，把易熟的原料放在下层。

（3）蒸所用原料一般都是生料，而且以肉类为主，往往不能先焯水除血污、去腥味，所以一定要漂洗干净。由于蒸制是利用蒸汽加热，因此蒸制时锅中的水要足量，而且需一次放足，不能中间加水，否则会影响菜肴质量。

四、菜肴实训

项目 碧绿麒麟鱼

一、实训目的

（1）通过该实训的训练，让学生掌握潮菜制作中的"蒸"这一技法。

（2）让学生掌握潮菜中原汁勾芡的技法。

二、实训内容

（1）实训材料：

主料：鲈鱼700g。

辅料：油菜心150g、湿香菇50g、火腿50g、姜和葱适量。

调料：胡椒粉1g、味精3g、湿生粉10g、香麻油3g、盐5g、料酒8g。

（2）实训用具：炒锅、炒勺、蒸笼、盘子、菜刀、砧板、碗。

（3）工艺流程：选料→切配→炸制→造型→蒸制→浇汁→成菜。

（4）制作方法：

①将鲈鱼洗净，去鳞，然后从背部剖开，切成约6cm长的段，用双飞花刀将鱼肉切成双飞片（先切一刀，不要切断，再斜切第二刀，第二刀时可以切断），使其能包起来。切完之后，用姜葱汁和料酒进行腌制，加入胡椒粉和盐，腌制5分钟即可。

②火腿过水，中间要换一两次水，去除其中的盐分，然后过油，油温不宜过高。香菇、火腿全部斜刀切成片，大小依照鱼片的大小；香菇片爆香。

③在鱼片中放入火腿片、香菇片，包上，摆放在盘子里，把鱼头鱼尾都摆好，上蒸笼蒸，大火蒸制10分钟即可，沥出原汁备用。

④将油菜心过水，过水时可以放点食用油，保持其绿色，备用。

⑤炒锅内放入原汁用小火加热，加入盐、味精、胡椒粉、香麻油、湿生粉，调成玻璃芡即可。

⑥把油菜心分别放在鱼的两边和中间，滴淋上芡汁即可，成品效果如图5－18所示。

图 5 - 18　碧绿麒麟鱼

三、注意事项

（1）火腿过水时中间要换水，否则较咸，过油时，油温不可过高。

（2）原料切片时大小要一致，以免影响美观。

（3）采用原汁勾芡，芡汁成透明状，芡状成薄紧芡。

第六节　煮

一、定义

　　将处理好的原料（有的是生料，有的是经过初步熟处理的半成品）放入足量的汤汁或清水中，先用旺火烧开，再改用中等火力加热，待原料制熟即可出锅的技法。菜肴经过一定时间的煮制，汤汁或乳白，或清醇；原料或软嫩，或酥烂。

二、操作程序

（1）对原料进行初加工（有些原料还需经过煎、炸等工序）。
（2）原料与汤水一同下锅。
（3）旺火烧开，中火或小火加热。
（4）调味。
（5）装盘出锅。

三、操作要领

1. 要正确掌握火候

煮菜的质感和汤汁的质量，主要由火候决定。要求汤清的就不能用旺火或中火，要求汤浓的就不能用小火或微火；原料老韧的要用小火或微火慢煮，原料鲜嫩的就要用中火或旺火。

2. 要讲究原料的选择

煮菜以强调原料本味为主，注重汤鲜味美。因此，原料的选择必须强调新鲜、含膻腥味少，而且要选含蛋白质丰富的原料。煮菜以老韧动物性原料为主，凡含血腥异味的原料，在正式煮制前都必须经过焯水、油炸等初步处理；不同质地的原料配菜时，应借助初步熟处理，使各种原料同步达到质感要求。

3. 要正确添加汤水

为了增加汤汁的鲜度，许多原料在煮制前要以鲜汤辅助，但有些原料为求突出本味，则排斥添加鲜汤，如鱼汤、鸡汤等。汤水应一次性加足量，不要待煮制到一定浓度后再添加水或汤汁，以免影响菜肴风味。

4. 要正确调味

煮菜为强调原味，一般调味较轻，以单纯的盐、味精、酱油或少量的糖、盐、味精作为调味最多，除非为突出某一菜品或调料的特色，如"水煮牛肉"的麻辣味等。一般加热时间长、原料质地老的菜品，咸味调料应放在后面加，以免影响原料达到酥烂的速度和程度。

四、分类

煮可分为水煮、白煮、糖煮等。

（一）水煮

原料经多种方式的初步熟处理，包括炒、煎、炸、滑油、焯烫等预制成半成品，放入锅内加适量汤汁和调料，用旺火烧开后，改用中火加热成菜的技法。

它的特点是菜肴质感大多以鲜嫩为主，也有以软嫩为主和软嫩与酥嫩并存的，都带有一定汤液，大多不勾芡，少数品种勾稀薄芡以增加汤汁黏性，与烧菜比较，汤汁稍宽，属于半汤菜，口味以鲜嫩、清香为主，有的滋味浓厚。

（二）白煮

将加工整理的生料放入清水中，烧开后改用中小火长时间加热成熟，冷却切配装盘，配调料（拌食或蘸食）成菜的冷菜技法。

白煮制作的冷菜的特点是肥而不腻、瘦而不柴、清香酥嫩，蘸调料食用味美异常。

（三）糖煮

将经过加工处理的原料放入汤水中，加入适量白糖或红糖等糖类调料，煮至原料熟至入味即可出锅的烹调方法。

五、菜肴实训

项目一　水煮——潮州大鱼丸

一、实训目的

（1）了解鱼丸的制作原理和制作过程，进而掌握蓉胶的制作方法。

（2）通过实际操作，掌握"水煮"这一烹调技法，将其与"白煮""糖煮"区分开来。

二、实训内容

（1）实训材料：

主料：鱼肉500g（选料可取用淡水鱼和咸水鱼，咸水鱼取"那哥""淡甲"鱼，淡水鱼用鲢鱼、鳞鱼）。

辅料：紫菜50g、鸡蛋清20g、上汤800g、生菜100g、湿生粉30g、香芹粒5g。

调料：盐3g、鱼露5g、味精2g、胡椒粉1g、香麻油3g。

（2）实训用具：菜刀、砧板、炒锅、炒勺、筛网、筷子、汤匙、碗。

（3）工艺流程：选料→清洗→制鱼胶→煮熟→拍碗脚→装盘。

拍碗脚指的是把一些调味品先放在碗底，然后再把焯熟的原料及滚烫的汤水倒入碗中，用勺子顺势将汤水和调料搅匀的方法。它既有利于准确调味，又有利于汤水的美观。

（4）制作方法：

①把鱼肉用刀刮成鱼蓉（先将鱼骨拔去），放入盆中，加入鸡蛋清、盐、味精、湿生粉、清水15g，用手搅拌约15分钟至鱼蓉起胶，再用手挤成鱼丸（约15g），放于温水（约60℃）中浸泡，然后连水放入锅中，先以旺火煮至"虾目水"（是指水煮至冒许多小水泡，水泡的大小如虾目，这时的水温约60℃），转为小火煮至水滚开时将鱼丸捞起备用。

②取一汤盆，加入紫菜、生菜（先用清水洗干净）、香芹粒、鱼露、味精、胡椒粉、香麻油备用。

③将上汤下锅用旺火煮沸，放下鱼丸继续加热，待其浮起后，连汤盛入汤盆中，轻微搅拌即可食用，成品效果如图5-19所示。

图5-19　潮州大鱼丸

三、注意事项

（1）鱼肉制蓉前一定要将鱼骨去除。

（2）鱼丸要煮至"虾目水"才能转小火，鱼丸需煮至浮起方能食用。

项目二　白煮——潮州鱼饭

一、实训目的

（1）通过实际操作，让学生掌握"白煮"这一烹调技法，将其与其他煮法区分开来。

（2）掌握鱼汤的制作方法和相关注意事项。

（3）掌握潮州鱼饭这一美食的烹调方法。

二、实训内容

（1）实训材料：

主料：巴浪鱼或秋刀鱼2 000g。

调料：盐适量，普宁豆酱20g。

（2）实训用具：煮锅、鱼篮、碟子、盘子。

（3）工艺流程：制作鱼汤→摆鱼撒盐→煮鱼→滤干鱼汤→配碟上菜。

（4）制作方法：

①制作"鱼汤"（煮鱼时"鱼汤"能够很快渗入鱼肉里面，使鱼均匀受热）。所谓"鱼汤"就是盐水，在大锅里放入水，再按10∶1的比例加盐，然后烧沸。

②将鱼洗净摆在鱼篮中，放进烧沸的"鱼汤"里面煮，直到鱼眼珠突出或用手按鱼肉有弹性即可。

③鱼熟取出时，必须用"鱼汤"洗掉鱼表面的泡沫，使鱼身洁净、美观，整篮鱼取出后必须斜放，使鱼篮里面的"鱼汤"迅速流出，等鱼放凉后配上普宁豆酱即可食用，成品效果如图5－20所示。

图5－20　潮州鱼饭

三、注意事项

（1）用"鱼汤"来煮鱼，这样煮鱼时"鱼汤"能够很快渗入鱼肉里面，使鱼均匀受热，并且使鱼更有味道。

（2）每摆一层鱼都要在鱼皮表面均匀地撒上一层粗盐，然后再交叉地放上一层鱼，再撒粗盐，这样可以使鱼与鱼之间有空隙。

（3）鱼煮好后要将鱼清理干净。

第七节　烙

一、定义

烙指的是以油和金属器皿为传热介质，把原料放入有底油的热锅中，两面翻烙至呈金黄色、熟透成菜的烹调方法。

二、操作程序

（1）对原料进行刀工处理。
（2）把各种原料混合均匀。
（3）猛火烧锅，加入花生油。
（4）放入原料。
（5）中火加热，两面翻烙至呈金黄色。
（6）调味。
（7）装盘。

三、操作要领及特点

（1）原料铺开的面积较大的需要用平底锅烙，如蚝烙、丝瓜烙、番茄烙等。使用平底锅可使烙品受热均匀、厚薄一致，菜肴造型美观。尤其是烹制蚝烙，若不用平底锅，粉浆下锅后很快就流入凹心，这就很难控制均匀受热和蚝的均衡分布。

（2）烙时必须加入足量的底油。因为一般烙的菜肴都要求色泽金黄、香酥爽脆，如果油量不足，不仅会影响菜肴质量，稍不注意还会把烙品烧焦。如果油量太多，则可以在最后加调味汁前把多余的油倒出。

（3）烙以油为传热介质，受热面集中在贴近底部的一面，大块的必须切薄，厚度一般宜在2cm以内。烙的火力由烙品的特点决定，蚝烙用猛火，其他的多用中火。

（4）调料的投放须根据菜肴而定，如丝瓜烙、番茄烙中的甜味料或咸味料需在下锅前调匀，烙鱼则应在将上盘时才加入酱油。

105

四、烙与煎的区别

烙与煎虽然相似，但也有不同的地方。

（1）烙的菜肴不放入汤汁，必须是干的。若烙鱼加入汤水，就只能称之为半煎煮或湿煎了。丝瓜烙的原料虽然是丝瓜与水及生粉拌混，但经烙之后呈干饼状，没有汁液流泻，也不能再加入汤汁。

（2）烙的菜肴不用勾芡。因烙制的菜肴没有汤汁，因此不需要勾芡。

（3）烙制的菜肴一般是主料与辅料调匀在一起，或者主料下锅后，再加入辅料，同时用油烙，如蚝烙、丝瓜烙、番茄烙。调味的先后顺序则比较灵活，可根据实际决定。

（4）烙的菜肴不加汤汁，一般油要足量，成品必须烙至色泽金黄、香酥爽脆。因此，如果原料较厚或较大块，就必须切成薄块或小块方能烙制，如烙草鱼必须切块，不能整条烙制。

五、菜肴实训

项目　潮州蚝烙

一、实训目的

（1）通过该实训的训练，让学生了解珠蚝的相关知识，掌握蚝烙的制作技法。

（2）此实训讲究抛锅和火候，有利于检验学生的翻锅技巧。

二、实训内容

（1）实训材料：

主料：鲜蚝300g。

辅料：鸭蛋60g、葱白（葱茎）15g、地瓜粉80g、芫荽15g。

调料：味精2g、鱼露15g、辣椒酱5g、胡椒粉0.5g、猪油少量。

（2）实训用具：菜刀、砧板、煎锅、铲勺、筛网、筷子、汤匙、碗。

（3）工艺流程：选料→清洗→调粉浆→烙→装盘。

（4）制作方法：

①先用清水将鲜蚝淘洗干净（注意要去尽蚝的残壳），捞起蚝，沥干水备用。

②将地瓜粉和清水（按2∶1比例）调成粉浆，葱白切成细粒放入浆中，同时加入鲜蚝、味精、鱼露（5g）、辣椒酱搅匀备用。

③用旺火烧热煎锅，加入少许猪油，润锅，待油温升至150℃时，将稀浆搅匀倒入锅中煎制，待成形后把鸭蛋去壳打散淋在蚝烙上面，加入少量猪油继续煎烙，煎至蚝烙的上下两面酥脆和色泽金黄为止。将蚝烙盛入盘中，拌上芫荽，配上酱碟（鱼露10g撒上胡椒粉0.5g制成）即可，成品效果如图5－21所示。

图5－21　潮州蚝烙

三、注意事项

（1）此菜最好选用珠蚝，但珠蚝本身所含水分较多，在调制粉浆时应控制水量，不可过多。

（2）要掌握好抛锅的方法，以保持蚝烙的形状完整美观。

（3）要掌握好火候，在熟透的前提下保持蚝烙的色泽金黄、口感酥脆。

第八节　焖（炆）

一、定义

焖以汤汁为主要传热媒介，它是将经过煎或炸、拉油、蒸的主料，加入辅料、调料及汤之后，加盖，加热至将要收汁时勾芡成菜的烹调方法。广州一带亦称"炆"。

注意：焖先用猛火后用慢火加热。猛火将主料煮熟透，慢火使辅料的精华与美味同主料融于一体，并使汤汁逐步浓缩，菜肴浓香入味，软而不烂。

二、操作程序

（1）对原料进行刀工处理。
（2）主料腌制，有的需造型。
（3）对主料进行煎或炸、拉油、蒸等初步熟处理。
（4）辅料炒香。
（5）主料与辅料在炒锅或砂锅中调味，加入汤。
（6）先猛火烧开，转慢火烧焖至汤汁收浓。
（7）用湿生粉勾芡。
（8）加香麻油、包尾油，装盘上席。

三、操作要领与特点

1. 操作要领

（1）焖的原料多数是带骨的、大块的，少数较松嫩。所以焖的时间有长有短，要根据主料的质地准确把握。

（2）焖的菜肴要恰当加入汤。焖的过程中间不宜再加汤水，因此汤水要一次性加够，过多则汁不浓，过少则易烧干。

（3）焖的菜肴要注意火候。在潮菜中，焖的菜肴被看作是一种"火功菜"，在焖的过程中，应该先用大火，除去原料的杂味，分解出营养物质，再转为中小火，让原料入味，直至快成菜装盘时，才又转为大火，收浓汤汁。

（4）大多数焖的菜肴要勾芡，但宜勾薄芡，让芡汁能溢于盘边，使菜品显得软滑、丰满，利于蘸汁食用。

2. 特点

（1）在潮菜中，有"逢焖必炸"的说法。原因包括两方面，一是原料（主要是动物性原料）经过油炸后，在焖的过程中不太容易软烂，利于美观；二是原料经油炸后，在焖的过程中容易入味。

（2）成品形态完整，汁浓味醇，滑嫩软润。

四、分类

潮菜的焖有多种技法，大体可以概括为生焖和熟焖两大类。生焖是生料煎炒后焖，不上粉、上色；熟焖是原料上粉、上色，制成熟料后再焖。

（一）生焖

1. 定义

生焖是指将主料或生料略煎、炒、炸之后，加入辅料、调料与汤水，先用猛火后用慢火焖至将近收汁时，勾薄芡成菜的烹调方法。

2. 操作要领

（1）肉质软嫩的原料用油泡法，肉质较韧的原料用酱料爆香后焖制。

（2）焖制时要加盖。

（二）熟焖

1. 定义

熟焖是指主料经腌制，油炸或蒸后，再加辅料、调料、汤水焖至将收汁时勾芡成菜的烹调方法。

2. 操作要领

（1）肉料必须用酱料爆香、爆透再焖制。

（2）控制好火候及汤水量，注意其熟度。

（3）焖制时间长，故要加盖。

（4）芡宜厚、稍宽。

五、菜肴实训

项目一　生焖——鲜笋焖鱼鳔

一、实训目的

（1）通过鱼鳔这一干制原料，理解相关的涨发原理，学会相关的涨发方法。

（2）区分"生焖"与"熟焖"，通过该实训的训练，掌握"生焖"这一烹调技法。

（3）通过该实训的训练，掌握勾芡的相关知识。

二、实训内容

（1）实训材料：

主料：发好的鱼鳔300g。

辅料：竹笋150g、湿香菇50g、红辣椒10g、虾米10g、姜10g、葱10g。

调料：鱼露6g、味精2g、胡椒粉3g、香麻油3g、生粉15g、鸡汁5g、料酒适量。

（2）实训用具：煮锅、漏勺、炒锅、炒勺、菜刀、盘子。

（3）工艺流程：鱼鳔洗净焯水→竹笋煮熟，切笋花备用→辅料初加工→爆香辅料→与主料炒熟成菜。

（4）制作方法：

①将发好的鱼鳔洗净，切成5cm长的小段放进沸水中，加入姜、葱、料酒焯水（去腥），捞起沥干备用。

②竹笋切块，冷水投料加盐，大火烧开调小火，煮约20分钟，捞出，漂凉后切成笋花备用，香菇、红辣椒切成角备用，葱切段备用，虾米用水泡发后捞起备用。

③热油润锅，锅底留少许油，先投入香菇、虾米、葱爆香，下笋花、红辣椒炒香，放入鱼鳔翻炒后加入少量水，调入鱼露、味精、胡椒粉、鸡汁，用小火焖煮5分钟后用生粉水勾芡，调入香麻油，调大火力炒匀收汁，再勾芡一次，加包尾油出锅装盘即可，成品效果如图5-22所示。

图5-22　鲜笋焖鱼鳔

三、注意事项

（1）要勾两次芡。因为油发的鱼鳔的孔很大，能够吸收很多的水分，第一次勾芡之后还会出水变稀，所以要进行第二次勾芡。

（2）包尾油需下足，不然鱼鳔口感会较涩。

（3）鲜笋要冷水下锅，才能更好地去掉其涩味。

项目二　熟焖——红焖甲鱼

一、实训目的

（1）通过该实训的训练，让学生区分"生焖"与"熟焖"的烹调技法。

（2）通过该实训的训练，让学生更好地掌握甲鱼的粗加工方法。

二、实训内容

（1）实训材料：

主料：甲鱼1只（约600g）。

辅料：五花肉30g、湿香菇30g、炸蒜肉10g、姜片10g、红椒块15g。

调料：盐5g、味精2g、胡椒粉0.5g、香麻油0.5g、蚝油10g、老抽2g、料酒10g、湿生粉3g、上汤350g、花生油适量。

（2）实训用具：菜刀、砧板、炒锅、砂锅、筛网、筷子、炒勺、汤匙、碗。

（3）工艺流程：选料→清洗→切配→油炸→调味→焖制→回炒→勾芡→装盘。

（4）制作方法：

①将活甲鱼放到70℃的温水中烫，去掉甲鱼表面的黑膜，开膛去内脏和脂肪，将甲鱼剁成块，放入沸水中焯水，去掉血污，捞起放入清水中漂洗干净备用；五花肉切成3mm厚的片备用；香菇去蒂切成片备用。

②洗净炒锅，倒入花生油，用中火加热，当油温烧至五成热时放入甲鱼炸约1分钟，捞起沥干油备用。将炒锅洗净放回炉上，下肉片、姜片、香菇、红椒块煸炒，倒入甲鱼，烹入料酒，加上汤、盐、味精、蚝油、老抽烧至微沸，将甲鱼连汤汁倒入砂锅内，将砂锅放在平头炉上用中小火焖约20分钟，下炸蒜肉再焖约10分钟，关火备用。

③将焖好的甲鱼再倒回炒锅中，用中火加热，加入胡椒粉、香麻油，用湿生粉勾芡快速炒匀，出锅装盘即可，成品效果如图5-23所示。

图5-23 红焖甲鱼

三、注意事项

（1）甲鱼必须清洗干净、炸熟爆香再焖制。

（2）此菜宜选用珠油，珠油为潮汕调味品，近似老抽，味偏甜，主要用于调色，若没有则可用老抽代替。

（3）注意控制好火候及汤水量，注意其熟度。

（4）此菜焖制时间长，故要加盖。

（5）注意调味和芡汁。

第九节　焗

一、定义

焗是以汤汁与蒸汽、盐或热的气体为导热媒介，将经腌制的原料或半成品加热至熟而成菜的烹调方法。焗有砂锅焗、鼎上焗、烤炉焗及盐焗四种。

二、操作程序

（1）对原料进行刀工处理。

（2）腌制原料。

（3）对部分原料进行初步熟处理。

（4）根据采用的焗制方法，加入辅料与汤汁或包装，焗制。

（5）刀工处理、装盘。

（6）加原汤汁与调料后上席。

三、操作要领与特点

（1）潮菜中焗法多数使用动物性原料，尤以禽类为主。为除异味、增香味，原料在焗制之前，都必须用调料腌制，腌制时间根据原料特点及菜肴的质量要求而定。

（2）用砂锅焗的原料，以生料为主。但也有部分菜肴为了造型，先对原料进行初步熟处理之后才焗制。

（3）用砂锅焗制的菜肴，需加入一些汤汁，要掌握好加入的汤水分量及注意控制好焗制的火候。一般是先用猛火把汤水烧滚，然后转用慢火加热。原料切件装盘之后，把原汤汁（有些还需加一些调料）淋在菜肴上。

（4）焗制菜肴具有原汁原味、浓香厚味等特点。

四、分类

潮菜焗制菜肴以砂锅焗为主，以豆酱焗鸡最出名。此外还有鼎上焗、烤炉焗和盐焗等多种方法。

（一）砂锅焗

砂锅焗是主料经腌制后放进砂锅中，再加入料头、调料和少量汤水，盖上锅盖用猛火烧滚后转用慢火焗制至熟的烹调方法。

（二）鼎上焗

鼎上焗是指原料经过腌制、拉油或蒸后，再放进鼎里调味焗制成菜的一种烹调方法。鼎上焗用拉油、蒸制进行熟处理，利于菜肴的造型。

（三）烤炉焗

烤炉焗是将经腌制或酿制、调味后的原料放入焗炉中焗至熟而成菜的一种烹调方法。烤炉焗有下列特点：

（1）菜肴可根据造型的需要，先在盘上摆砌，焗熟即可上桌。对于一些需酿制的菜肴，砂锅焗、鼎上焗往往不易实现上述要求。

（2）用烤炉焗的原料需预先进行腌制，使其入味。如果腌制一次还不能达到所要求的味道，则焗一定时间后可取出加味后再焗。

（3）由于原料大小不同、质地不同，故要恰当掌握焗制的时间。

（四）盐焗

盐焗是把经腌制的原料用纱纸包裹，埋入灼热的粗盐中焗制至熟的烹调方法。盐焗菜肴保持原味，具有外香脆、里嫩滑的特点，成为潮菜的特殊风味菜。

五、菜肴实训

项目一　砂锅焗——豆酱焗鸡

一、实训目的

（1）通过该实训的训练，让学生掌握"砂锅焗"的烹调技法。

（2）通过该实训的训练，让学生掌握如何处理整鸡进行砂锅焗及拆鸡装盘。

（3）此实训讲究火候，要求掌握焗鸡过程中的火候。

二、实训内容

（1）实训材料：

主料：鸡1只（约重800g）。

辅料：白膘肉100g、普宁豆酱50g、姜片30g、葱段30g、芫荽头25g、上汤80g。

调料：味精3g、砂糖5g、芝麻酱15g、料酒10g。

（2）实训用具：菜刀、砧板、筛网、筷子、汤匙、碗、砂锅、搅拌机、薄竹篾片、湿草纸。

（3）工艺流程：选料→初加工→腌制→焗→斩件→装盘。

（4）制作方法：

①将鸡洗净晾干，切去鸡爪、食道管和肛门，用刀背将鸡颈骨均匀地敲断备用，把白膘肉切成薄片备用，把普宁豆酱用搅拌机打成泥状备用。

②将味精、砂糖、芝麻酱、料酒和普宁豆酱搅匀，均匀地涂在鸡身内外，把姜片、葱段、芫荽头洗净甩干水分放进鸡腹内，腌制15分钟备用。

③将砂锅洗净擦干，用薄竹篾片垫底，把白膘肉片铺在竹篾上，鸡放在白膘肉上面，将上汤从锅边淋入（勿淋掉鸡身上的普宁豆酱），加盖，用湿草纸密封锅盖四边，置炉上用旺火烧沸后，改用小火焗约30分钟，取出备用。

④剁下鸡的头、颈、翼、脚，然后将鸡身拆骨，将骨砍成段，盛入盘中，鸡肉切块放在上面，再摆上鸡头、翼、脚成鸡形，淋上原汁（鸡焗好后剩下的汤汁），配上芫荽伴盘即可，成品效果如图5-24所示。

图5-24 豆酱焗鸡

三、注意事项

（1）整鸡洗净，注意去除异物，在鸡背上开一刀，便于加热过程中锅内气流的流动，使鸡更易熟。

（2）将鸡置于薄竹篾片上要避免烧焦，不能碰到锅的边缘；加上汤时不能淋到鸡，以免将鸡身上的普宁豆酱洗去。

（3）焗鸡的锅密封性要好，加上汤焗制时，时间要视鸡的大小、锅具和火力的情况自行把握。

项目二　鼎上焗——咸蛋黄焗虾

一、实训目的

（1）通过该实训的训练，使学生掌握"鼎上焗"的烹调技法。

（2）通过该实训的训练，使学生掌握虾的刀工处理方法及拉油时的油温。

二、实训内容

（1）实训材料：

主料：鲜虾 500g、咸蛋黄 30g。

辅料：葱白 20g、姜 20g、芫荽 10g。

调料：盐 3g、味精 1g、料酒 10g、生粉 10g。

（2）实训用具：菜刀、砧板、炒锅、炒勺、筛网、筷子、汤匙、碗。

（3）工艺流程：选料→初加工→腌制→炸熟→焗→装盘。

（4）制作方法：

①鲜虾去掉须和枪，从腹部开一刀（深度约 4/5），加入姜、葱白、料酒、盐腌制 15 分钟备用。

②把咸蛋黄蒸熟碾碎备用，把葱白、芫荽洗净切末备用。

③把已入味的虾拍上少许的生粉，放入六成热的油锅中炸至熟透捞出，升高油温至七成热，放入虾复炸至虾壳酥脆，捞起沥干油备用。

④炒锅洗净倒入少量的油，用小火加热，放入碾碎的熟咸蛋黄搅散至起大泡，放入切好的葱白末、芫荽末炒香，加入虾、味精，快速翻炒均匀，出锅摆盘即可，成品效果如图 5-25 所示。

图 5 - 25　咸蛋黄焗虾

三、注意事项

（1）虾去须时要注意不能将虾头切断，在腹部下刀时，要注意切的深度，太深太浅都会导致虾造型不够美观。

（2）初炸和复炸要控制好油温和时间，油温不可过高，时间不能太长，焗虾时要注意用大火。

（3）掌握好咸蛋黄沫的制作时间，否则会影响色泽以及口感。

项目三　盐焗——盐焗虾

一、实训目的

（1）通过该实训的训练，让学生掌握"盐焗"的烹调技法。

（2）让学生了解和掌握焗虾前的处理技术，包括腌制虾、竹签穿虾。

（3）通过该实训，让学生掌握"盐焗"的火候。

二、实训内容

（1）实训材料：

主料：虾 400g。

调料：粗盐、料酒、盐、胡椒粉适量。

（2）实训用具：炒锅、炒勺、碗、竹签、锡纸。

（3）工艺流程：选料→初加工→腌制→包裹→焗→装盘。

（4）制作方法：

①将虾初加工后加盐、胡椒粉、料酒拌匀，腌制15分钟。

②将竹签从虾的尾部穿过去，直插头部，让虾身保持笔直，备用。

③将锡纸裁成大小相等的纸张，将虾包在里面，注意包紧。

④将粗盐炒热后将虾放进锅中，不断地把热盐拨到虾上，焗十几分钟即可，成品效果如图5－26所示。

图5－26　盐焗虾

三、注意事项

（1）选料要讲究，一是应选用鲜活的虾，二是须用粗盐。

（2）要严格控制火候，粗盐的温度要够。

第十节　炖

在潮菜中，炖有用慢火直接加热与借助蒸汽间接加热两种处理方法。前者放适量汤水和原料在锅里，加盖，用慢火直接加热，经过慢滚使物料组织结构逐步松弛，带胶质物体逐渐分解，这种烹制方法称为红炖。后者通过炖盅外的高温蒸汽对炖盅加热，使盅内汤水温度上升至沸点，盅内物料被加热至熟，这种方法称为清炖。红炖菜肴汤汁浓，并带颜色。清炖汤汁清鲜，呈原色。

一、红炖

（一）定义

红炖是指将主料腌制、拉油之后，与配料一起放进锅里，加入汤水，盖严锅盖，用慢火加热较长时间至菜肴熟滑之后原汁勾芡成菜的烹调方法。

（二）操作程序

（1）对原料进行刀工处理。

（2）主料腌制、拌湿生粉。

（3）油炸主料。

（4）调配或炒香配料。

（5）把主料、辅料放进砂锅，加入汤水及调料，烧滚后慢火加热至熟滑。

（6）把原汁滗入鼎中，加调料，用稀湿生粉勾芡，淋在菜肴上。

（7）配酱碟上席。

（三）操作要领与特点

（1）红炖的主料一般都先腌制，拌湿生粉，油炸。但个别菜肴因原料特点，不宜油炸，如"红炖鱼翅""红炖明鲍"和"炖鸡脚鲍"等。有些主料带腥味或生料不便腌制，需先焯水后再腌制和油炸。如"红炖圆蹄"的原料猪脚要先煮 10 分钟后再炸。

（2）某些配料需经加工处理后才放入与主料一起烧炖，如"红炖全参"的辅料鸡骨、瘦肉都需一起焯水后炒香，再加调料烧滚，才倒入锅里与主料海参一起炖。

（3）红炖菜肴要求熟滑、浓香入味，汤汁不宜太多，因此，炖的时间要足够长，并掌握好火候。一般是猛火烧滚后使用慢火炖制。

二、清炖

（一）定义

清炖是指主料经过焯水之后，与辅料一同放入炖盅中，入蒸笼经过较长时间的蒸炖至原料熟滑成菜的烹调方法。

（二）操作要领与特点

（1）用于清炖的主料一般是动物性原料，尤以禽畜类为多。禽畜类经宰杀之后常带血污及腥味，故在炖之前要焯水。异味较重的原料（如羊肉），焯水后还要用冷水漂浸去净异味。

（2）清炖的菜肴，为了使汤清鲜，主料都不上粉拉油，辅料一般也不煎炒。但有些辅料也要经过焯水处理，如"清炖鸡脚翼"中的猪皮，"清炖乌耳鳗"中的排骨，在入炖前都要焯水。

（3）若清炖的原料入炖时间要求不同，则炖制的菜肴应分次先后下料。如"清炖玉竹鸡"，需把鸡炖至将熟时才放入玉竹。

（三）分类

清炖分原炖法与分炖法两种。

1. 原炖法

（1）定义：原炖法是主料焯水之后，与辅料放入同一炖盅中，加汤水炖至原料软熟成菜的烹调方法。

（2）操作程序：

①对原料进行刀工处理。

②主料焯水。

③主料与辅料放入同一炖盅中入蒸笼蒸炖。

④取出炖品，调味后配酱碟上席。

（3）操作要领与特点：

①所用原料在炖之前要焯水，异味较重的原料（如羊肉）焯水后还要用冷水漂浸去净异味。

②由于原炖菜肴的原料入炖时间要求不同，故在制作菜肴的过程中，应分次先后下料。

③原炖菜肴是将主料与辅料放入同一炖盅中入蒸笼蒸炖的。

④原炖菜肴往往配酱碟上席。

2. 分炖法

（1）定义：分炖法是将经过焯水处理的主料与辅料分别放入炖盅中，分别炖至熟或接近熟时，把汤过滤掉，合二为一，主料与辅料重新造型，再放入蒸笼中短时间炖制成菜的方法。

（2）操作程序：

①对原料进行刀工处理。

②主料焯水。

③主料与辅料分别放入炖盅中，加汤水炖制。

④分别过滤炖主料与辅料的汤，然后混合主料与辅料。

⑤炖品重新造型，放入蒸笼中再进行短时间炖制。

⑥调味上席。

（3）操作要领与特点：

①分炖法用的许多原料炖前要先焯水，有些腥膻味较重的原料，焯水时

可放进姜、葱、料酒。

②分炖的调料宜于炖熟出笼后调入，使汤水清鲜。盐更不宜先放入，以免影响菜肴的熟滑度。

③分炖需根据主料与辅料的质地、特点，控制各自炖的时间，使主料、辅料能符合炖品的质量要求。

④分炖法常用于烹制较高档的菜肴，尤其是配有贵重药材的炖品。分炖具有汤汁清、造型美观、汤味鲜醇等特点。

三、清炖与红炖的区别

（1）红炖的主料大都要拉油；清炖的主料不拉油。

（2）红炖的辅料有的要炒香或略炸；清炖的辅料一般不炒或炸。

（3）红炖的菜肴汤少汁浓，大多要勾芡；清炖的菜肴汤多汁清，不勾芡。

（4）红炖用炉火直接加热；清炖通过蒸汽间接加热。

四、菜肴实训

项目一　红炖——红炖水鸭

一、实训目的

（1）通过这一实训，让学生区分"清炖"与"红炖"，掌握"红炖"这一烹调技法。

（2）通过该实训的训练，让学生更好地掌握油温、火候的控制要领。

二、实训内容

（1）实训材料：

主料：水鸭1只（约1 500g）。

辅料：五花肉400g、葱10g、姜8g。

调料：盐5g、胡椒粉1g、酱油10g、香麻油2g、湿生粉10g、上汤200g、料酒10g、花生油750g。

（2）实训用具：炒锅、砂锅、炒勺、筷子、盘子、菜刀、砧板。

（3）工艺流程：初加工、腌制水鸭→炸制水鸭→砂锅炖制→盛于碗中→勾芡淋汁→成菜。

（4）制作方法：

①将水鸭宰杀去毛，开膛取出内脏，洗净后加葱、姜、料酒、酱油拌匀腌1小时。

②烧热油鼎，放进花生油，烧至六成热，把涂上酱油的水鸭炸至呈金黄色，取出，放入砂锅中，加入上汤、姜、葱。把五花肉切成大片后盖在其上面。加盖，用猛火加热至沸腾，再用慢火加热烧约两小时，取出水鸭，盛于碗中，捡去五花肉、姜、葱，原汁用湿生粉勾芡，加香麻油、胡椒粉拌匀淋于菜肴上，成品效果如图5-27所示。

图5-27 红炖水鸭

三、注意事项

（1）水鸭油炸前，需将水分吸干、眼睛爆破再下锅，注意控制好炸的油温。

（2）红炖水鸭的制作过程对火候有较严格的要求，应注意火候的变化。

（3）最后勾芡时要注意生粉水的量，慢慢加入生粉水，以免菜肴太稠。

项目二 原炖——鸽吞雪蛤

一、实训目的

（1）通过该实训的训练，让学生掌握"原炖"的烹调技法，区分原炖与分炖的特点。

（2）通过该实训的训练，让学生掌握乳鸽的整鸽去骨方法及雪蛤的涨发方法。

二、实训内容

（1）实训材料：

主料：不开腹乳鸽2只（约500g）、干货雪蛤25g。

辅料：姜片15g、葱段15g、高级清汤800g。

调料：盐7g、味精2g、料酒5g。

（2）实训用具：菜刀、砧板、炒锅、炒勺、筛网、筷子、汤匙、碗、蒸笼、瓷炖盅。

（3）工艺流程：选料→清洗→整鸽去骨→填入雪蛤→焯水漂水→加汤调味→炖→装盘。

（4）制作方法：

①将干货雪蛤用清水涨发备用。

②将已脱毛的鸽子（需用整只出骨的乳鸽，不能开腹去内脏，注意不能破皮）整只出骨（拆荷包鸽），将出好骨的乳鸽用清水漂洗干净（出好骨的乳鸽不能破皮，开口的最低处不能低于乳鸽的翅膀）备用。

③把雪蛤塞进荷包鸽里边（不能太饱，否则在炖的过程中易裂开），交叉翅膀和脖子绑定型（确保雪蛤不漏出来），将绑好的乳鸽放入沸水中，加入姜片、葱段、料酒焯水去掉血污，捞起漂洗备用。

④把漂洗好的鸽子放入大的瓷炖盅中，倒入高级清汤，加入姜片5g、盐、味精用保鲜膜密封，放入蒸笼大火炖90分钟即可，成品效果如图5－28所示。

图5－28　鸽吞雪蛤

三、注意事项

（1）整鸽去骨时需保持鸽身的完整。

（2）雪蛤涨发时需注意相关事项。

（3）要把握好炖的时间。

项目三　分炖——薏米炖甲鱼

一、实训目的

（1）通过该实训的训练，让学生区分"原炖"与"分炖"，更好地掌握"分炖"的烹调技法。

（2）通过该实训的训练，让学生掌握甲鱼的初加工流程。

（3）此实训内容属于药膳学，让学生通过学习，增加对药膳学、营养学知识的认识。

二、实训内容

（1）实训材料：

主料：活甲鱼1只（约500g）。

辅料：薏米100g、姜片15g、葱白15g、红枣20g、上汤500g。

调料：盐6g、味精2g、胡椒粉0.5g、料酒5g。

（2）实训用具：菜刀、砧板、锅、筷子、碗、汤匙、蒸笼、炖盅。

（3）工艺流程：甲鱼初加工→清洗薏米、红枣→上汤调味→分配材料分盅蒸制→装盘。

（4）制作方法：

①将活甲鱼放到70℃温水中，去掉甲鱼表面的黑膜，开膛去内脏和脂肪，将甲鱼剁成块，放到沸水中焯水去掉血污，捞起用清水洗净备用。

②将薏米、红枣洗净备用。

③上汤中加入盐、味精、料酒搅拌均匀备用。

④将甲鱼块放入10个炖盅内，均匀撒入葱白、姜片、薏米、红枣，倒入上汤，盖上盖子放进蒸笼大火蒸90分钟，取出炖盅捡去姜片、葱白，撒上胡椒粉即可，成品效果如图5-29所示。

图5-29　薏米炖甲鱼

三、注意事项

（1）甲鱼处理起来较难，初加工要做到清理干净。

（2）上汤先调味，再加到各炖盅里，才能保证菜肴的味道一致。

（3）蒸制时间要足够，汤才能入味。

第十一节　焯

一、定义

焯是将原料放在水中加热，使之快速成熟的烹调方法，水温控制在90℃~100℃，其特点是原味、无芡、鲜嫩爽脆。

二、操作要领

（1）原料焯前的处理要得当。适宜碱腌处理的原料为质地比较老韧、异味浓重的动物性原料，如畜类的肚、肠；适宜上浆的原料均是一些质地细嫩、无骨的动物肌肉，如鸡胸肉、鲜鱼肉；适宜漂洗处理的原料是含血污多、异味重的动物内脏和部分易变色的蔬菜。

（2）焯的方法要适宜。焯的方法有热水下锅和沸水下锅两种，适宜热水下锅的原料主要有猪肚尖，猪腰，家禽的心、肝、肠、腰等。适宜沸水下锅的原料多为上浆的肌肉、螺类、蛇类、猪心及蔬菜类等。焯时火要旺，水量要大，可在水中放些葱、姜、料酒、食用油等，焯好的原料特别是一些含水分多的蔬菜，捞出后务必沥尽水分。

（3）焯制原料的调味要准确。应根据原料的特性选择合适的调料，使调成的味汁质优味美，既能消除原料的不良气味，又可为菜肴增香增味。

三、分类

（一）白焯

白焯为潮菜常用烹饪技法之一。将生料切片后腌制，以旺火滚水焯至九成熟，捞起，与油、调料一起入锅，用猛火翻炒，即成白焯菜肴。

（二）生焯

生焯是将生料切片用滚水加盐焯至刚熟捞起，加入调料拌匀的烹调方式。

四、菜肴实训

项目一　白焯——白焯脆皮虾

一、实训目的

（1）通过该实训的训练，让学生了解生粉糊化对于保持食材口感的作用。

（2）通过菜肴的制作，让学生掌握"白焯"的技法和菜肴的装盘技法。

二、实训内容

（1）实训材料：

主料：鲜虾500g。

辅料：生粉60g。

调料：味精0.5g、胡椒粉0.5g、香麻油3g、鱼露3g。

（2）实训用具：炒锅、漏油网、炒勺、筷子、碗、汤勺、擀面杖（棍子）、菜刀、砧板。

（3）工艺流程：选料→清洗→切配→预热→白焯→拌匀→装盘。

（4）制作方法：

①虾去壳，从背部开刀，去肠，洗净控干水分，进行拍粉。

②砧板上铺一层粉，把拍了生粉的虾放在生粉上，然后用擀面杖敲打，使虾扁平呈片状且裹满生粉。

③把所有调料放入一个碗内，然后把调料碗整个放入热水中加热，使调料融化并混合均匀。

④把虾放入水温约90℃的热水中焯熟，并迅速出锅，放入调料碗中搅拌均匀，即可装盘，成品效果如图5-30所示。

三、注意事项

（1）此菜在焯水时要注意好水温，需控制在90℃左右。

（2）裹生粉时要裹均匀，虾也要敲打得足够薄。

图5-30　白焯脆皮虾

项目二　生焯——生焯血蚶

一、实训目的

（1）通过该实训的训练，让学生了解蚶的种类。

（2）通过该实训的训练，让学生区分"白焯"和"生焯"，巩固相关知识。

（3）通过该实训的训练，锻炼学生的独立思考能力及培养学生积极的创新意识。

二、实训内容

（1）实训材料：

主料：血蚶。

辅料：香芹适量。

（2）实训用具：碗。

（3）工艺流程：选料→焯熟→装盘。

（4）制作方法：

将蚶和香芹洗干净后放到干净的容器里，把刚刚烧好的开水倒进去直至刚好淹没，15 秒后把水倒出来放入香芹即可，成品效果如图 5 - 31 所示。

图 5 - 31　生焯血蚶

三、注意事项

把握好焯的时间，如果烫得太过，蚶血枯干，肉便变得赤褐无光泽，不嫩不脆，鲜味大减。

第十二节　烩

一、定义

烩是指经过刀工处理的鲜嫩柔软的小型原料，经过初步熟处理后入锅，加入大量汤水及调料烧沸，勾芡成菜的烹调技法（少数不勾芡的称"清烩"，勾厚芡的称"羹"）。

二、操作程序

（1）对原料进行刀工处理、初步熟处理。

（2）把原料放入锅内加辅料、调料、高汤烩制。

（3）旺中火烧沸，调味。

（4）加入芡汁拌匀至成菜。

（5）出锅装汤盘或汤碗。

三、操作要领与特点

烩菜的特点是汤宽汁稠、菜汁合一、细嫩滑润、清淡鲜香，色泽也很美观，一般以白烩居多，以鸡肉、鱼肉、虾仁、鲍鱼、鱼肚、海参、乌鱼蛋、鸡蛋、冬笋、香菇等鲜料为主料。

（1）烩菜对原料的要求比较高，多以质地细嫩柔软的动物性原料为主，以脆鲜嫩爽的植物性原料为辅，强调原料或鲜嫩，或酥软，不能带骨屑，不能带腥、异味，以熟料、半熟料或易熟料为主。要求加工得细小、薄、整齐、均匀、美观。

（2）烩菜原料均不宜在汤内久煮，多经焯水或过油（鲜嫩易熟的原料也可生用），有的原料还需上浆后再进行初步熟处理。一般以汤沸即勾芡为宜，以保证成菜的鲜嫩。

（3）烩菜的美味大半在汤。所用的汤有两种，即高级清汤和浓白汤。高级清汤用于求清咸口味、汤汁清白的烩菜；浓白汤用于求口感厚实、汤汁浓白或红色的烩菜。

（4）烩菜因汤、料各半，所以勾芡是重要的技术环节。芡要稠稀适度（略浓于米汤），芡过稀，原料浮不起来；芡过浓，黏稠糊嘴。勾芡时火力要旺，汤要沸，下芡后要迅速搅和，使汤菜通过芡的作用融合。勾芡时还需注意将水和生粉溶解搅匀，以防勾芡时汤内出现疙瘩粉块。

四、分类

烩法由羹菜演进而来，烩的种类以汤汁的色泽划分为红烩、白烩；以制作的不同方法划分为清烩、烧烩；以调料的区别划分为糟烩（以糟汁为明显调料烩之于菜，特点是糟香浓郁）、酸辣烩（以醋和胡椒粉为明显调料烩之于菜，特点是酸辣咸鲜）、甜烩（以糖料烩之于菜，特点是甜香利口）等。下面介绍几种最基础、最具代表性的烩法。

（1）红烩。红烩是以有色调料如深色酱油烩之于菜的烩法，特点是汁稠色重。

（2）白烩。白烩是烩制时不用深色调料（如酱油之类）的烩法，成菜色淡，多为乳白色，特点是汤汁浓白。

（3）清烩。清烩是烩制时不加有色调料，成菜不勾芡的烩法，特点是汤清味醇。

（4）烧烩。烧烩是原料先炸再烩的烩法，特点是汤浓味厚。

五、菜肴实训

项目　太极护国菜

一、实训目的

（1）认识和了解番薯叶和草菇在烹饪中的运用。

（2）通过实际动手操作，掌握"烩"这一烹调技法，进而与其他烹调技法进行区分。

（3）学习掌握推芡的勾芡技法。

二、实训内容

（1）实训材料：

主料：新鲜番薯叶 500g、鸡胸肉 100g。

辅料：火腿片 25g、湿草菇 100g。

调料：鸡油 50g、猪油 150g、苏打粉 15g、盐 25g、鸡汤 800g、味精 20g、香麻油 20g、湿生粉 30g。

（2）实训用具：菜刀、砧板、炒锅、炒勺、筛网、筷子、汤匙、碗、蒸笼。

（3）工艺流程：选料→原料初加工→焯水→炒制→调味→调羹→装盘。

（4）制作方法：

①将番薯叶去掉筋络洗净，在5 000g开水中加入苏打粉，下番薯叶烫2分钟后捞起，过四次清水，然后榨干水分，除去苦水，用横刀切几下待用。

②将草菇洗净后入鸡油、火腿片、鸡汤、盐（2.5g），蒸20分钟取出，去掉火腿片，草菇和原汁备用。

③炒锅烧热下猪油75g，将番薯叶略炒，投入草菇及原汁，加鸡汤、盐（2.5g），烧开后，用湿生粉勾芡，加熟猪油75g、香麻油10g，八成倒入汤碗内，两成留锅内，再加鸡汤和火腿片，淋在菜汤上即好。

④将鸡胸肉剁成蓉，加入鸡汤调匀，倒入炒锅中，用小火煮沸1分钟，加入盐、味精，用湿生粉水推芡调成羹状，调入鸡油3g搅拌均匀，盛起和番薯嫩叶羹用炒勺淋出太极的形状，撒上火腿末即成，成品效果如图5-32所示。

图5-32　太极护国菜

三、注意事项

（1）制作正宗的太极护国菜最好用新鲜番薯叶，其次是菠菜叶、通菜叶或厚合（君达菜）叶。在泡制番薯叶时，要先把其茎丝抽掉，再放入有苏打粉的开水焯过，然后用冷水漂几次，使番薯叶更显碧绿，并且没有苦涩味。

（2）太极护国菜的芡汁较浓稠，要把握好勾芡的手法和湿生粉水的量。

（3）此菜刚端上桌时仍是滚烫的，因有一层油质封面，故不见热气升腾。食用时要用汤匙先将油层拨开，慢品细啜，以防烫伤。

第十三节　清

一、定义

"清"以水为导热媒介，它是将焯熟的物料或蒸熟的半成品排入汤碗里，然后倒入煮好的上汤而成菜的烹调方法。

用"清"制作的都是汤菜，这类菜肴的菜名绝大多数冠以"清"字。清制菜肴给人以清如水、明如镜的直观感受，汤水中的原料物象清晰。

二、操作程序

（1）对主辅料进行加工处理。
（2）根据菜肴特点调配主辅料，造型或浸泡、腌制。
（3）蒸熟或焯熟原料，排入汤碗中。
（4）烧沸上汤或二汤，调味后倒入汤碗中。

三、操作要领与特点

（1）潮菜的清制菜肴许多需要造型，如"清汤虾丸""清金钱虾""清汤鳝把""清汤鱼饺"等，其中有些制成丸状、鱼状和钱币状等。而"清芙蓉鸡"则将其制成花形，这些都是十分细致的技艺。

（2）潮菜十分讲究汤菜的制作。汤菜的优劣在于汤。所谓清汤，就是要求汤菜的汤质必须清鲜、清淡、清甜、清醇。潮菜的清汤多以鱼、虾、蟹为主料，而且制作十分精细。

四、清制菜肴与清炖菜肴的区别

（1）清炖菜肴把主辅料同放入炖盅中，入蒸笼炖，原盅上席，原汁原味。清制菜肴的主辅料经处理后，先放入汤碗中，而汤则是另煮后灌入，与清炖菜肴不同。

（2）清炖菜肴的原料有完整大块的、老韧的，加热的时间较长。清制菜肴的原料多为薄小的、细嫩的，加热的时间较短。

（3）清炖菜肴与清制菜肴，虽都有汤清鲜的共同特点，但清炖菜肴入笼炖的时间长，所以炖品熟烂软滑；而清制菜肴则鲜嫩爽脆。

五、菜肴实训

项目　清干贝丸

一、实训目的

（1）潮州蓉胶是潮州特色材料之一。通过该实训的训练，使学生了解并掌握潮州蓉胶的制作方法。

（2）通过该实训的训练，使学生认识及掌握"清"的烹调技法，并与"清炖"区分。

二、实训内容

（1）实训材料：

主料：干贝 50g、鸡胸肉 200g、鲜虾肉 150g。

辅料：肥猪肉 25g、火腿末 25g、荸荠肉 25g、上汤 750g、鸡蛋清 20g。

调料：盐 5g、胡椒粉 0.5g、味精 5g。

（2）实训用具：菜刀、砧板、锅、炒勺、筛网、筷子、汤匙、碗、蒸笼。

（3）工艺流程：选料→清洗→浸泡干贝→蒸熟干贝→制蓉胶→蒸熟→灌上汤→装盘。

（4）制作方法：

①用温水将干贝洗净，剥去贝筋，另换清水泡上，浸过干贝即可；放进蒸笼蒸 10 分钟后，取出待用。

②将鸡胸肉剁成蓉，鲜虾肉打成虾胶，放入盐、味精、胡椒粉，再将干贝撕成丝，与鸡蓉、虾胶拌匀，加入肥猪肉、鸡蛋清、荸荠肉，挤成 24 粒丸盛在盘里，上面撒上火腿末，放进蒸笼用旺火蒸 8 分钟；取出盛入汤盅，灌入上汤即可，成品效果如图 5－33 所示。

图 5－33　清干贝丸

三、注意事项

（1）干贝要用温水清

洗，剥去贝筋后再泡。

（2）制作干贝丸时要注意手法和力度，保持每粒丸子的大小一致。

（3）上汤要趁热灌入。

第十四节　煲

一、定义

煲，是将原料煎后，下砂锅，并下沸水、辅料，以文火炖至软烂，调味供食的烹调方法。

煲的烹调方法，是近十多年来潮菜吸取外地菜系的烹调方法用以烹制潮菜而形成的一种新的烹调方法。

煲本是一种炊具器皿，类似潮汕地区的炖钵，用陶泥所制，即我们所说的砂锅。而用煲烹制菜肴的烹调方法则被称为"煲"。

砂锅因是用陶泥所制，其传热性能慢，故用做炊具，且其保热性能好，能较好地保持菜肴的原汁原味。因为煲具有这些优点，所以这种新的烹调方法，也很快被潮菜所接受，且很快风靡整个潮汕地区，现在几乎每个潮州酒楼都有煲类菜肴，由此也产生一批使用煲的烹调方法的新派潮菜，如粉丝蟹肉煲、皮蛋苋菜煲等，这些煲类菜肴，都以其热气高、香味四溢而深受人们欢迎。

二、操作程序

（1）对原料进行刀工处理。

（2）对原料进行初步熟处理。

（3）原料下砂锅，加以沸水、辅料。

（4）以文火炖至软烂。

（5）调味成菜。

（6）装盘上桌。

三、操作要领与特点

（1）中途勿添加冷水，因为正加热的肉类遇冷收缩，蛋白质不易溶解，汤便失去了原有的鲜香味。

（2）忌早放盐，因为早放盐会使肉中的蛋白质凝固，不易溶解，从而使汤色发暗，浓度不够，外观不美。

（3）忌放入过多的葱、姜、料酒等调料，以免影响汤汁的原汁原味。

（4）忌过早过多地放入酱油，以免汤味变酸，颜色变暗发黑。

（5）忌让汤汁大滚大沸，以免肉中的蛋白质分子激烈运动，使汤浑浊。

（6）菜肴烹制好，装入煲上桌前，煲一定要放在炉火上烧至沸腾才上桌，而且要盖上盖，当着客人的面把盖打开，保证里面的菜肴还在继续沸腾，这样才能达到香味四溢的效果。如果上桌前没放在炉火上烧开，那么煲只是作为一种盘碗之类的盛器，而不是炊具，因而也不能达到上面所提的那种特殊效果。

（7）煲传热慢，因而其散热也慢，故煲经加热后，煲底的温度很高，煲底一般要垫一层白猪肉，或淋上一层食用油，以防烹制时原料烧焦粘底。

四、菜肴实训

项目　厚菇芥菜

一、实训目的

（1）通过菜肴制作，使理论与实际结合，让学生更好地掌握"煲"的技法。

（2）这是一道传统的潮州素菜，通过此次制作，让学生了解潮菜"素菜荤做，见菜不见肉"的特点。

二、实训内容

（1）实训材料：

主料：大芥菜心450g、浸发厚香菇100g。

辅料：熟瘦火腿10g、五花肉500g、猪骨500g、上汤800g。

调料：盐6g、味精3g、胡椒粉1g、香麻油2g、料酒5g、湿生粉10g、食用纯碱3g、熟鸡油20g、花生油适量。

（2）实训用具：炒锅、漏油网、炒勺、砂锅、碗、汤勺、菜刀、砧板。

（3）工艺流程：选料→切配→过油→焖制→调味→装盘。

（4）制作方法：

①将芥菜心洗净切成两半备用，五花肉切成 5 块，熟瘦火腿切成 5 片，猪骨砍成 5 段备用。

②洗净炒锅，加入清水 1 500g，用旺火烧开，加入纯碱，放入芥菜心焯水约半分钟取出，用清水反复漂洗去掉碱味备用。

③洗净炒锅，用中火烧热炒锅，倒入花生油，当油温约 150℃时，放入芥菜心过油约 20 秒，捞起滤去油，倒入用竹篾片垫底的砂锅里备用。

④洗净炒锅，用中火加热，倒入鸡油，放入香菇煸，加上汤 50g、少量盐煮约 2 分钟盛出备用。

⑤将炒锅洗净放回炉上，用旺火加热，放入五花肉、猪骨、火腿炒香，加入上汤、料酒、盐，煮开后撇掉泡沫，倒入砂锅中，将砂锅盖上锅盖用中火焖约 40 分钟，捡去五花肉、猪骨，再加入香菇继续焖 10 分钟，关火滤出原汤备用。

⑥洗净炒锅，用中火加热，倒入原汤，调入味精、胡椒粉、香麻油，用湿生粉调稀薄芡，淋在芥菜心上面即成，成品效果如图 5-34 所示。

图 5-34　厚菇芥菜

三、注意事项

（1）芥菜不能生食，须煮透煮烂。另外，也不宜多食。

（2）预处理时应去掉芥菜表面薄膜，否则易粘牙。

（3）食用纯碱本身苦涩，用碱水过水后应冲洗干净。

（4）用砂锅煲制时应用慢火，时间也不宜过长，砂锅用之前也要用生油先润底，否则易焦底。

第十五节　熬

一、定义

熬是指将原料放入汤水中，加调料，用旺火煮滚后转中、慢火长时间加热至原料软烂成菜的烹调方法。熬主要以水导热，操作较为简便，适用于制作大锅菜和家常菜。

二、操作程序

（1）对原料进行加工处理。
（2）将汤水盛入锅中，投入原料。
（3）调味。
（4）旺火烧滚后转用中、慢火加热至原料烂熟。
（5）再调味。

三、操作要领与特点

（1）根据原料的性质决定投料顺序。
（2）加入汤水的量要适宜。汤水的量要足，但过多会降低汤的质量，过少中间需加水，也会影响汤的质量。

四、菜肴实训

项目　上汤

一、实训目的

（1）通过该实训的训练，让学生认识及掌握如何制作上汤。
（2）通过实际操作，让学生掌握制作上汤的原理，并融会贯通运用于其他烹饪菜式上。

二、实训内容

（1）实训材料：

主料：老母鸡 2 000g、排骨 1 500g、瘦肉 1 000g。

辅料：姜 50g、葱 50g、料酒 5g。

调料：盐适量。

（2）实训用具：菜刀、砧板、锅、勺子、碗、盘子、纱布。

（3）工艺流程：选料→初加工→熬煮→过滤→剁蓉→除渣质→调味→出锅。

（4）制作方法：

①将宰净的老母鸡（剖开两边）洗净后剁成大块，排骨剁成大块放入锅中焯水去掉血泡，取出用清水洗净，备用。

②取一不锈钢桶，放入老母鸡和排骨，加入冷水、姜、葱，旺火煮沸，随即改用小火进行长时间加热，直至鸡体内的蛋白质和脂肪充分溶于汤中。

③用纱布将已制成的清汤过滤，除去渣状物；将瘦肉剁成肉蓉，加入葱、姜、料酒及适量清水浸泡片刻，浸出血水。

④将肉蓉投入已滤好的清汤中，旺火加热，同时用勺子不断按同一方向搅拌，待汤将沸时改用小火（不能让汤翻滚），待汤中浑浊悬浮物被肉蓉吸附后，将肉蓉撇净，调味，上汤即制成。

三、注意事项

（1）上汤的用料一般以动物性原料为主，常见的有瘦肉和鸡鸭翅膀、爪子、骨架等。

（2）制汤的原料，均应冷水下锅，以免原料表面因骤受高温而凝固，内部的蛋白质无法大量溶入汤中，而使汤汁达不到鲜醇的要求。同时，水应一次性下足，中途加水会影响汤的质量。

（3）要恰当掌握火候和时间，上汤制作先用旺火将水煮沸，水沸后即转微火，使水呈翻小泡状态，直至汤汁制成为止。火力过旺，会使汤汁浑浊；火力过小，蛋白质不易溢出，则会影响汤的鲜醇。

第十六节　滚

一、定义

滚是将物料投入滚汤中加热至熟，调味成菜的一种烹调方法。

二、操作程序

（1）对原料进行加工。
（2）制作滚汤。
（3）将主料投入滚汤中加热至熟。
（4）调味。
（5）跟酱碟上席。

三、操作要领与特点

（1）滚制菜肴的制作方法虽简单，即用滚汤滚熟原料，但制作滚汤不能马虎。滚汤要配齐各种佐料，保证汤汁质量。汤水多少要恰如其分，并要控制好加热时间。

（2）要准确调味。调料经常要分两次投放，第一次是制作汤水时就要投入适量的调料，第二次是菜肴原料滚熟以后，再加入调料。

四、分类

滚有生滚和煎滚两种，一般肉类多采用生滚法，生滚法能使菜肴汤清味鲜。煎滚是物料先煎后滚，较多用于鱼类，对鱼类原料具有去腥增白作用，使味鲜肉滑，汤浓色白。

（一）生滚

生滚是将生料投入滚汤中加热至熟，调味成菜的一种烹调方法，亦是现煮的方言说法。

（二）煎滚

煎滚是物料先煎后滚的烹调方法。

五、菜肴实训

项目一　生滚——生滚鲫鱼

一、实训目的

（1）通过该实训的训练，让学生掌握鲫鱼初加工的方法。

（2）通过该实训的训练，让学生掌握"生滚"这一烹调技法，培养学生的实际动手能力。

二、实训内容

（1）实训材料：

主料：鲫鱼 1 条（约 500g）。

辅料：排骨 500g、湿冬菇 40g、虾米 50g、咸酸梅 2 个、葱白 15g。

调料：味精 7.5g、白醋 30g、二汤 2 000g、蒜泥醋 2 碟。

（2）实训用具：煮锅、砂锅、菜刀、砧板。

（3）工艺流程：排骨初加工→鲫鱼初加工→原料入锅滚→调味→跟蒜泥醋上席。

（4）制作方法：

①将排骨斩成小块，咸酸梅撕破，用砂锅盛起，加入二汤、虾米、冬菇，加热滚 20分钟。

②鲫鱼开腹去除内脏，刮鳞洗净，整条放进锅里，再加热滚 15 分钟，加味精、白醋、葱白即成，跟两碟蒜泥醋上席，成品效果如图 5 - 35所示。

图 5 - 35　生滚鲫鱼

三、注意事项

（1）鲫鱼背上两边有两条白筋，这是制造特殊腥味的东西，杀的时候把白筋抽掉，滚出来的鲫鱼才没有腥味。

（2）生滚要特别注意火候跟时间，时间太短，原料不熟，滚太过又会影响口感。

项目二　煎滚——鱼头白菜汤

一、实训目的

（1）通过该实训的训练，让学生认识及掌握"煎滚"的烹调技法。

（2）此实训讲究火候，要求"煎"跟"滚"的时候火候要控制好。

二、实训内容

（1）实训材料：

主料：鳙鱼头 500g、白菜 300g。

辅料：姜 10g、芫荽 5g。

调料：盐 3g、味精 0.5g、胡椒粉 0.5g、香麻油适量。

（2）实训用具：菜刀、砧板、锅、筛网、筷子、炒勺、汤匙、碗。

（3）工艺流程：选料→清洗→切配→煎熟→加水熬煮→调味→装盘。

（4）制作方法：

①洗净鱼头，用刀将鱼头先开成两半，再分别剁成三四小块，控干血水，放入干净的碗中待用；姜去皮切片待用；白菜切段待用；芫荽洗净切段，放入干净汤碗中，淋上香麻油，待用。

②锅烧热加油（油铺满锅底），将鱼头和姜一起下锅煎制，将一面煎至表皮酥脆后煎另一面，将鱼头煎至酥脆。

③加入大量的水，开大火进行熬煮（目的是使煎制时鱼头带的油水能够乳化形成浓汤）。

④待汤水已浓稠时，下白菜继续滚煮 3 分钟，加胡椒粉、味精、盐进行调味，起锅放上芫荽、滴入香麻油即可，成品效果如图 5 - 36 所示。

图 5 - 36　鱼头白菜汤

三、注意事项

（1）鱼要清理干净，下锅前一定要沥干水。

（2）水要一次性加足，分开加会影响汤质。

（3）熬煮时要用大火，促进营养物质的分解。

第十七节　浸

一、定义

浸指的是把整块或大块的生肉料浸没在热的液体中，令其慢慢受热至熟，上碟后经调味而成一道热菜的方法。

二、分类

根据浸制所用传热媒介的不同，浸法又分为油浸法、汤浸法和水浸法三种。

（一）油浸法

1. 定义

油浸法是将腌制后的肉料放在中偏低温度的油中，慢火加热至熟的烹调方法。

2. 操作程序

（1）腌制净料。

（2）把油烧热，放入原料，熄火浸制。

（3）取出熟料，调味。

3. 操作要领与特点

（1）原料投放前要先沥干水分，投料后油温不能太高。

（2）成品香而嫩滑，原味十足，主要用于鱼类原料。

（二）汤浸法

1. 定义

汤浸法是将生肉放入微沸的汤水中，慢火加热至熟的烹调方法。使用的汤水主要有清汤、浓汤、茶汤等。

2. 操作程序

（1）整理洗净原料，鸡、鸽均要挖去肺，洗净血污。

（2）烧沸鲜汤，使用老汤更好。

（3）将生料放入汤中，注意火候。

（4）斩件上碟，造型后跟佐料上席。

3. 操作要领与特点

（1）原料浸前要清洗干净。

（2）浸制过程保持水温95℃即可。

（3）成品清鲜嫩滑，带有汤水鲜香味，主要适用于鸡、鸽原料。

（三）水浸法

1. 定义

水浸法是将生肉放入微沸的汤水中，让生料慢慢吸热至熟的烹调方法，适用于鱼类原料。

2. 操作程序

（1）在鱼体表面抹盐。

（2）将锅里的水烧开。

（3）把鱼放入沸水中，加盖，减慢散热。

（4）熄火，取出鱼，上碟，加调料。

3. 操作要领与特点

（1）水量不可太少，须浸过鱼面，水温不可太高，达到90℃即可。

（2）成品肉质嫩滑。

三、菜肴实训

项目一　油浸——油浸生鱼

一、实训目的

（1）通过该实训的训练，让学生认识及掌握"油浸"的烹调技法，掌握油浸的温度和时间。

（2）通过该实训的训练，让学生了解、学习如何对生鱼进行初加工。

二、实训内容

（1）实训材料：

主料：生鱼1条（约700g）。

辅料：姜10g、葱15g。

调料：盐5g、胡椒粉2g、香麻油2g、白糖2g、生粉10g、料酒5g、花生油25g、蒸鱼豉油25g。

（2）实训用具：菜刀、砧板、炒锅、炒勺、筛网、汤匙、盘子。

（3）工艺流程：鱼初加工→烧热油→浸制→取出熟料→调味淋汁→装盘。

（4）制作方法：

①将生鱼宰杀、洗干净，放姜片、料酒、盐、白糖、生粉腌制，备用。

②烧热炒锅，放入花生油，油烧至120℃后将腌制好的鱼放进锅内，离火浸制约5分钟至仅熟，捞起摆入盘中。

③在鱼表面放上葱丝、姜丝并撒上胡椒粉，淋上烧热的花生油，最后淋上香麻油、蒸鱼豉油即可，成品效果如图5-37所示。

图5-37　油浸生鱼

三、注意事项

（1）鱼要腌制好使其入味，腌制时放入干生粉，这样可以使鱼肉更嫩。

（2）浸制时控制好油温，要离火浸制。

（3）刀工要利落、均匀，使原料美观。

项目二　汤浸——水蛋浸鲫鱼

一、实训目的

（1）通过该实训的训练，让学生认识及掌握"汤浸"的烹调技法。

（2）通过该实训的训练，让学生了解烹饪材料的运用与搭配，锻炼学生的独立思考能力及积极的创新意识。

二、实训内容

（1）实训材料：

主料：鲫鱼600g。

辅料：高级清汤450g、鸡蛋液150g、姜10g、葱10g、红椒丝5g。

调料：盐6g、味精2g、料酒5g。

（2）实训用具：蒸炉、菜刀、砧板、勺子、碗、盘子。

（3）工艺流程：选料→清洗→切配→备汤→蒸制→装盘。

（4）制作方法：

①将鲫鱼放血、去鳞、开膛、去内脏，冲洗干净，用姜、葱、料酒腌制15分钟，放入深盘中备用。

②将鸡蛋液搅拌均匀备用，高级清汤煮沸加入盐、味精搅拌均匀，再冲入鸡蛋液中搅拌均匀，倒入装有鲫鱼的深盘中备用（浸过鲫鱼）。

③把鲫鱼放入蒸炉中用猛火蒸20分钟，取出，撒上红椒丝，淋上少量热油即可，成品效果如图5-38所示。

图5-38　水蛋浸鲫鱼

三、注意事项

（1）使用汤浸法烹调时，鸡、鸭等较大的原料，应选用肉质细嫩且易熟的；鱼类宜选用腥异味较小的，如鲫鱼、江鲮等；畜肉类原料则要选用新鲜且富有弹性、血污少、无异味的。

（2）汤浸菜肴一般以原料的自然形状为佳。鲫鱼去除内脏、清洗干净后要剞上花刀，但刀口不要剞得太深，否则鱼肉易散碎，不成形，影响造型。

（3）淋味汁、浇热油这种方式主要适用于各种鱼类原料，注意辅料应以青椒、红椒、香菜、大葱、姜、洋葱等颜色好且香味浓的为主。浇油时油温以六成热为宜，以把辅料激出香味为准。

第十八节　淋

一、定义

淋是用分量较多的沸水淋入盛放新鲜物料的盛器中，使物料烫浸至刚熟而成菜的烹调方法。

二、操作程序

（1）对原料进行刀工处理。
（2）把原料放进器皿中。
（3）把烧至沸腾的开水倒入器皿中。
（4）倒干水，取出已淋浸好的原料。
（5）把猪油烧滚后淋在原料上。
（6）跟酱碟上席。

三、操作要领与特点

（1）潮菜中用"淋"的方法烹调的菜肴，主要是以鱼为原料。选用的鱼类必须是活鱼，且必须在临烹制时才宰杀，以保证菜肴的清鲜甜美。
（2）淋鱼的器皿必须有一定深度，锅盖要盖紧。淋水与淋油，都需操作快捷。
（3）淋制菜肴的味道，主要靠酱碟佐味，因此调配好酱碟十分重要。

四、菜肴实训

项目　生淋鳜鱼

一、实训目的

（1）让学生认识鳜鱼的初加工处理方法以及在烹饪中的运用。
（2）通过实际动手操作，让学生掌握"淋"这一烹调技法，了解其所用的器具与其他技法的不同。

（3）让学生了解酱碟的运用以及来源。

二、实训内容

（1）实训材料：

主料：活鳜鱼1条（重约1 200g）。

辅料：冰肉25g、菠萝肉25g、芹菜25g、湿冬菇20g、肥肉20g、火腿10g、红椒10g、葱15g、香菜50g。

调料：盐5g、味精5g、白醋75g、梅膏酱40g、白糖50g、香麻油10g、湿生粉30g、猪油200g、上汤适量。

（2）实训用具：菜刀、砧板、炒锅、炒勺、小碗、木桶、盘子、疏竹笪。

（3）工艺流程：原料初加工→辅料略炒→鱼浸熟→淋汁→跟酱料上席。

（4）制作方法：

①把芹菜、肥肉、火腿以及部分冬菇和红椒分别切成丝。用油润锅，加入上述各种丝略炒，加入上汤、味精、盐，勾芡后再加香麻油和猪油拌匀成为咸酱料，将其盛在两个小碗中。把冰肉、菠萝肉、葱以及剩下的冬菇和红椒全部切成细丁，用油润锅，加入上述各种丁略炒，加入白醋、梅膏酱、白糖、盐，调匀后用湿生粉勾芡，再加香麻油、猪油拌匀成酸甜酱料，将其盛在两个小碗中。

②将鳜鱼宰杀洗净，在鱼背上片一刀。在木桶的桶底放入一个疏竹笪，再将鱼放在疏竹笪上。将沸水淋入桶里，盖上桶盖，20分钟后鱼即浸熟，然后将水倒出，取出鱼，盛于盘中，用白毛巾将盘中的水吸干。

③热锅放入猪油150g，烧滚后淋在鱼上，盘边放香菜即可，将鱼上席时，跟咸酱料和酸甜酱料各一小碟，成品效果如图5-39所示。

图5-39　生淋鳜鱼

三、注意事项

（1）辅料需先略炒并进行调味。

（2）浸鱼时，水必须是沸水，温度要够，否则会影响鱼的口感。

（3）最后淋油时，油必须是滚油，才能让鱼的香味发挥得更加淋漓尽致。

第十九节　扣

一、定义

扣是生料经腌制或制成半成品后，经手工砌作成形，然后排入碗中，放进蒸笼中蒸至熟软后，再反扣入盘中而成菜的烹调方法。

二、操作程序

（1）对原料进行加工处理。

（2）对原料进行腌制或熟处理。

（3）将原料相间排入碗中。

（4）加入辅料、调料。

（5）上蒸笼蒸至熟。

（6）取出菜肴，倒出汤汁。

（7）将菜肴翻转倒扣入碗或碟中。

（8）将原汤放入锅中调味，勾薄芡后淋在菜上。

三、操作要领与特点

（1）扣制菜肴要求造型美观，所以在刀工处理时，要求规格统一。而且把原料砌排入碗中时，要按一定规律，不能胡乱堆放。

（2）扣制的原料，一般是动物性原料与植物性或菌类原料配搭夹排，有些植物性、菌类辅料无法与动物性原料相间排列，也需将其有规则地摆在主料上面，使其翻转倒扣时较为有序地垫于盘底。

（3）扣制菜肴的特点是造型美观、芳香醇厚、软嫩滑润，故不宜选用老硬的原料，也不能切得太厚，以免影响菜肴入味。

（4）有些地方把扣制的有色菜肴（加入深色酱油）称为"红扣"，把没有上色的称为"白扣"，潮菜没有这种区分。如潮菜把用南乳、南乳汁扣制的五花肉称"南乳扣肉"。

（5）扣制菜肴不一定都需要勾芡，如潮菜中的"明虾扣冬瓜"为使菜肴清鲜甜爽，原汤汁不勾芡。

（6）扣制的菜肴要求熟软嫩滑，不能太烂，也不能太硬，故要掌握好火候。

四、菜肴实训

项目　八宝素菜

一、实训目的

（1）通过该实训的训练，使学生认识及掌握"扣"的烹调技法。

（2）此菜肴讲究刀工，通过该实训的训练，培养学生的动手能力。

（3）此菜肴体现潮州素菜"素菜荤做，见菜不见肉"的特点，通过该实训的训练，可锻炼学生的独立思考能力及培养学生积极的创新意识。

二、实训内容

（1）实训材料：

主料：白菜心 350g、熟笋尖 100g、莲子 50g、腐竹 50g、面筋 50g、香菇 50g、发菜 10g、草菇 50g。

辅料：上汤 400g、五花肉 250g。

调料：盐 5g、南乳汁 8g、味精 2g、香麻油 2g、湿生粉 10g。

（2）实训用具：菜刀、砧板、炒锅、炒勺、筛网、筷子、汤匙、碗、蒸笼。

（3）工艺流程：选料→清洗→切配→拉油→调味→装碗→蒸熟→扣→勾芡→装盘。

（4）制作方法：

①将白菜心洗净切段，笋尖切成笋片备用，把草菇、莲子、香菇、发菜用清水涨发，洗净备用。

②把白菜心、笋片、腐竹、面筋分别放进油锅中，用低温油拉油，沥干备用。

③洗净炒锅倒入上汤，调入调料，分别加入八种主料和五花肉（切成片），用慢火焖煮约 20 分钟取出（先旺火后慢火），逐样砌进碗里（同种原料堆砌在一起，发菜放中间），再整碗上蒸笼旺火蒸 25 分钟，取出，滤出原汤，

再整碗完好地倒扣在盘上备用。

④洗净炒锅用小火加热，倒入原汤，加入盐、味精、香麻油调味，用湿生粉勾薄芡淋在八宝素菜上即成，成品效果如图 5 – 40 所示。

图 5 – 40　八宝素菜

三、注意事项

（1）注意发菜等干制原料的涨发方法。

（2）把原料砌排入碗中时，要按一定规律，不能胡乱堆放，否则倒扣时无法成形。

第二十节　泡

泡分为油泡和汤泡两种。

一、油泡

（一）定义

油泡是以油为主要传热介质，切配的原料经泡油后放入锅中迅速翻炒、调味、勾芡成菜的烹调方法。

（二）操作程序

（1）对原料进行刀工处理。

（2）主料加薄粉或调料调匀。

（3）调碗芡。

（4）把原料泡油至熟，倒出，沥干油。

（5）烧热锅，加入料头、原料，溅酒，调入碗芡炒匀。

（6）装盘。

（三）操作要领与特点

1. 原料要选好

用于油泡的原料需优质、新鲜、鲜嫩。

2. 刀工处理要求严格

油泡菜肴加热的时间较短，原料多用花刀处理，可以薄切的原料要薄切，以缩短原料成熟时间。刀工要精细、均匀，使菜肴造型美观。

3. 勾芡要得当

由于主料经过泡油，易于包油，故要尽量沥干。另外，要根据主料的分量，确定芡液的多少。油泡菜肴多勾薄芡，但要求有芡而不见芡流。

4. 火候要适宜

要控制泡油、翻炒等环节的火候，准确确定勾芡的时机。泡油时若发现油温太高，要及时把锅端离火位。火候主要根据原料的性质、特点及厚薄、大小决定。如"油泡鱿鱼"一般用中温油，以油温为120℃～140℃拉油较适宜，若油温太高，鱿鱼就会因高温紧缩而变韧；若油温太低，则会因加热时间太长，原料失水过多而变得韧硬。"油泡爽肚"的泡油则必须用中高油温，即油温为180℃～200℃，这一方面是由原料的性质决定，另一方面是因为肚仁在泡油之前经过清水浸泡和焯水处理，含水量较高，若油温不高，则其所含水分就不能很快挥发，泡出的肚仁就不爽脆。又如"油泡螺球"的泡油必须与"油泡爽肚"一样用中高油温，因为螺球较厚，在较高油温投下后迅速捞起，既能使其显现花纹，又能使其软脆，油温低或泡油时间太长，都会使之变韧。掌握好火候是油泡的关键。

5. 油泡前拌湿粉

油泡的原料大都在泡油前要拌湿粉，有的还调入适量的调料，如"油泡虾球"便是一例。

6. 上盘前应勾薄芡

由于原料已经过泡油，重新入锅翻炒的时间很短，一般都在芡汁中掺入菜肴所需的各种调料，勾芡也带有调味性质。因此，准确掌握芡汁的用量十分重要。

7. 动作要快

油泡菜肴的整个烹制过程时间短、衔接紧，动作要快捷、连贯，不宜中间停顿。原料泡油以后，紧接着翻炒，不能预先拉油，至原料变冷之后再下锅翻炒。

8. 油泡菜肴的原料特点

油泡菜肴只有主料和料头，而没有辅料。

二、汤泡

（一）定义

汤泡与油泡不同，汤泡以水为传热介质，是将物料焯熟后盛于汤碗中，再倒入经调味的滚汤而成菜的烹调方法。

（二）操作程序

（1）对原料进行刀工处理。

（2）把原料投进沸水中，泡熟后立即捞出，盛于汤碗中。

（3）在沸水中焯熟料头，捞出，放入汤碗中。

（4）把上汤煮沸调味，装进汤碗中。

（三）操作要领与特点

（1）汤泡的原料必须鲜嫩，切成薄片，滚熟原料时要使用猛火，焯汤时间要短，动作要快速，焯至刚熟时立即捞出，不能久浸。

（2）汤泡菜肴的汤水必须清鲜，调味要适当，汤面不能有浮油，要保证汤清质爽。

（3）汤泡菜肴与清制菜肴的差别是汤泡只有料头，没有辅料。清制菜肴的许多汤菜是有辅料的，如"清金钱鱿"有赤肉、虾肉等辅料。

三、菜肴实训

项目　油泡——油泡鳜鱼

一、实训目的

（1）让学生认识和了解鳜鱼的初加工处理方法以及在烹饪中的运用。

（2）通过实际动手操作，让学生掌握"油泡"这一烹调技法，了解潮菜的"油泡"与粤菜的"油泡"的不同。

（3）让学生熟练地掌握刀工技法以及油温的控制。

二、实训内容

（1）实训材料：

主料：鳜鱼1条（约800g）。

辅料：蒜头20g、鲽脯末5g、香芹5g、红椒3g、姜10g、葱10g、鸡蛋清10g、生粉5g。

调料：鱼露5g、盐3g、味精2g、胡椒粉1g、香麻油1g、料酒3g、花生油适量。

（2）实训用具：菜刀、砧板、炒锅、炒勺、筛网、筷子、汤匙、碗。

（3）工艺流程：选料→清洗→切配→拉油→对汁芡→炒勺→调味→装盘。

（4）制作方法：

①将鳓鱼去鳃、去鳞、去内脏，沿着背鳍贴着鱼骨取出两片鱼肉，用斜刀法顺着鱼肉肌肉条纹将鳓鱼肉切成较厚的鱼片，用姜葱汁、料酒、盐、味精、鸡蛋清将切好的鳓鱼片腌制10分钟备用。

②将蒜头剁成蓉，香芹、红椒切成末备用。

③取小碗1个，放入鲽脯末、香芹末、红椒末、鱼露、胡椒粉、香麻油、生粉水搅拌均匀，调成对碗芡备用。

④洗净炒锅倒入适量的油，中火加热，当油温升至四成热时，滑入腌好的鱼片泡熟，泡熟后捞起沥干油备用。

⑤洗净炒锅倒入少量的油，小火加热，放入蒜蓉焗至金黄色（蒜蓉不能烧焦，否则会变苦），放入泡熟的鱼片，将对碗芡淋在鱼片上面，翻炒均匀（翻炒时要小心不要弄碎鱼片），起锅装盘即可，成品效果如图5-41所示。

图5-41 油泡鳓鱼

三、注意事项

（1）鳜鱼取肉时需小心，勿破损鱼胆，斜刀切片时大小需恰当，防止泡油时鱼身散碎。

（2）油温控制在四成热左右。控制油泡时间，防止鱼肉变老。

（3）蒜蓉要切碎，不能拍碎，否则会影响蒜的纤维。

第二十一节　返沙

一、定义

返沙指的是把经炸或熟处理的原料投入白糖融成的糖浆中翻炒，边翻炒边降糖温，最终使糖浆恢复固态，呈细沙状且粘在原料上，成为一道甜菜的烹调方法。

为什么潮菜厨师把这种烹调方法称为"返沙"呢？因为潮州人把白糖称为"沙糖"，"沙糖"融为糖浆，经冷却后又成为固体的糖粉，所以称"返沙"，即"返回（恢复）沙糖原状"。

二、操作程序

1. 把主料炸酥

若是熟料，用猛火把裹在表面的生粉炸酥即可，生料则要炸熟再炸酥。

2. 熬糖浆

把糖放进锅内，加少量清水，用中慢火熬至糖浆起大泡即可。

3. 投入主料翻炒

若有辅料，可同时投入，一直翻炒至糖浆全部凝结成白色细沙状。

三、操作要领与特点

（1）选用植物性原料为主料，如芋头、白果、潮州柑等。

（2）生料要先炸熟再炸酥。

（3）糖与水的比例为2∶1。

（4）用中慢火熬糖浆，翻炒时要熄火降温，可辅以冷风吹。返沙技法看似简单，实则技术要求很高，烹调时一定要注意三个关键环节：一是水和白糖的比例；二是火候的控制；三是原料倒入糖浆中翻炒的时机。

（5）主料通常宜炸至酥脆。

（6）成品是甜食，可作为甜菜，也可作为小吃。

（7）成品由白糖沙包裹，松酥带香，甜而不腻。

四、菜肴实训

项目　返沙香芋

一、实训目的

（1）通过该实训的训练，让学生认识及掌握"返沙"的烹调技法。

（2）让学生通过该实训，了解糖在不同温度下所呈现的状态以及所制成的各式不同菜肴。

二、实训内容

（1）实训材料：

主料：芋头800g。

辅料：白糖200g、葱花珠（葱切成小粒）15g。

调料：白醋1g、花生油适量。

（2）实训用具：菜刀、砧板、炒锅、筷子、炒勺、碗。

（3）工艺流程：选料→清洗→切条→炸熟芋头→熬糖浆→炒芋头→装盘。

（4）制作方法：

①将芋头去皮洗净，切成长6cm、横截面为2cm×2cm的条状，焯水（去除芋头表层的淀粉）备用。

②洗净炒锅倒入花生油，用大火加热，当油温升至约150℃时放入芋头，炸至浅黄色并熟透时（用炒勺轻轻将芋头抛起有清脆声即可），捞起沥干油备用。

③洗净炒锅，放入50g清水，用小火加热，倒入白糖边搅拌边加热，使白糖逐渐溶解形成糖浆。当糖浆滚至出现大气泡转小气泡时，加入葱花珠、白醋拌匀，倒入炸好的芋头，把锅端离火炉，快速翻炒芋头，使糖浆迅速降温，出现过饱和状态而沉淀出粉状的白糖，当芋头均匀挂上白色的糖粉时出锅装盘即可，成品效果如图5-42所示。

图 5-42　返沙香芋

三、注意事项

（1）芋头要去除第二层皮再切条，要注意大小一致，以免影响口感和外观。

（2）糖与水的比例要恰当。

（3）用中小火熬煮糖浆，翻炒时熄火降温，翻炒动作要快而轻，避免芋头结块。

第二十二节　糕烧

一、定义

糕烧是指原料经过腌制、焯水或拉油之后，用中文火熬至原料软滑、汤汁胶黏成菜的一种烹调方法。糕烧菜肴外表裹有糖胶，色泽鲜艳，表甜里香。

糕烧多用于制作甜品，如"糕烧白果""糕烧芋泥""糕烧番薯""糕烧栗子"等。糕烧是潮汕特有的甜菜制作方法。

二、操作程序

（1）对原料进行刀工处理。

（2）原料拉油或焯水。

（3）用糖腌制原料。

（4）将原料放入糖浆中熬煮。

三、操作要领及特点

（1）"糕"在潮州话中含有液体浓度高的意思，如潮州话中的"糕糕洋"就是这个意思，故糕烧的特点应该是糖浆的浓度比蜜汁还高。一盘糕烧菜肴上桌的时候不应该有很多的糖水。

（2）烧制前常根据原料的性质和特点对其进行加工处理，如白果需先滚熟浸泡，地瓜、栗子要先拉油。为了使菜肴浓甜入味，一般都要经过糖腌，成菜之后汤汁收浓，成为胶状。

（3）水量不用加太多，大约跟原料齐平即可，因为原料有初步熟加工，所以较易熟，也不易散。

（4）整个糕烧的过程必须用中火或中小火，不能用大火，否则会出现糖浆烧干但食材没熟的情况。

四、菜肴实训

项目　糕烧地瓜

一、实训目的

通过该实训的训练，使学生了解更多关于糖浆在烹饪中的运用的知识，并掌握"糕烧"的烹调技法。

二、实训内容

（1）实训材料：

主料：红心地瓜1 000g（实际使用600g）。

辅料：鲜橙皮10g、清水250g。

调料：白糖500g（实际使用150g）、麦芽糖50g（实际使用20g）。

（2）实训用具：菜刀、砧板、不锈钢小锅、筷子、炒勺、碗、汤匙。

（3）工艺流程：选料→清洗去皮→造型→熬煮糖浆→熬煮地瓜→装盘。

（4）制作方法：

①先将地瓜洗净，刨皮，刨至见红的薯心为止，把刨好的地瓜放入清水中浸洗，再将地瓜切取成12块（长6cm、高4cm、宽3cm的块状），然后用小刀将块状的地瓜雕成元宝形状，把已雕好的元宝地瓜放入清水中浸泡片刻，捞起晾干水分备用。

②取不锈钢小锅一个，倒进清水、白糖、麦芽糖，用慢火熬至糖水沸腾后继续熬，随着糖浆温度的不断升高，其浓度不断变高，用筷子挑起糖浆可以看出有坠丝时，把雕切成形的地瓜和鲜橙皮放进糖浆内继续加热。

③当加入地瓜后糖浆的温度下降，水分增多，糖浆浓度变低，这时必须用猛火熬3分钟，使地瓜受糖浆的热度所迫，渗出本身的水分，形成水蒸气，使每块地瓜的表面逐步形成带有胶黏度的硬糖表皮，这时便转为慢火熬7分钟，使地瓜逐步受热完全熟透，逐件捞起盛摆在餐盘上即成，成品效果如图5-43所示。

图5-43　糕烧地瓜

三、注意事项

（1）用地瓜雕元宝前，将其刨至见红色的薯心为好，这样元宝会更美观。

（2）应按照比例调好糖浆的浓稠度，注意地瓜下锅的时间。

（3）注意火候的控制，注意慢火、猛火的变换。

第二十三节　卤

一、定义

卤指的是将经加工后的原料放进卤水中加热，使其吸收香味并加热至熟或软而成菜的烹调方法。

二、卤汁的类别

（1）现卤与套卤：现配卤汁、现煮制，卤汁多不保留，称现卤；卤汤一次次套用，每次酌加调料和汤水，用后入缸贮存，可套用多年，称套卤。

（2）红卤与白卤：因用酱油制品配卤汁，呈红褐色，称红卤；用料与红卤基本一样，只是不用酱油、红曲，制成品无酱色，称白卤。

（3）清卤：也叫盐水。

三、卤的原料

1. 主料

（1）豆制品及禽蛋类。

（2）家禽及其内脏。

（3）畜类。

（4）海鲜类。

潮汕卤菜最常见的原料是鹅、鸭、猪头、猪肉、猪脚、猪杂（包括猪舌、猪肚、猪肠、猪粉肠、猪肝、猪心等）。

2. 香料

桂皮、八角、甘草、香芒、丁香、陈皮、南姜、蒜头、芫荽头、川椒、罗汉果等。

四、操作程序

（1）对原料进行刀工处理。

（2）腌制。

（3）制作卤水。

（4）烧开卤水，放入原料。

（5）卤制。

（6）取出，斩件。

（7）装盘，跟酱碟上席。

五、操作要领与特点

1. 操作要领

（1）配制高质量的卤水。卤水的好坏，决定卤制品的质量。制好卤水的关键是卤料要齐备。

（2）掌握好卤制的火候。卤制多用慢火浸煮，中间也可短时间用中火。卤制的时间根据原料的大小与性质而定。鹅鸭类在卤制过程中，还需把原料提出卤锅数次，把腹腔中积存的卤水倒出，当原料再次浸入卤锅时需让滚烫的新卤水灌入腹腔内，使其内外受热均匀。卤制时还需注意翻动原料，使其入味均匀。

（3）卤汁可以连续使用，但要注意两点：一是在不继续使用的情况下，每天要煮滚一次，以防变质，夏天气温高，最好能存入冰柜中；二是要不断加进新的卤料，因为卤的物料多了，香味为物料所吸取，汤汁变淡，增加卤料，才能保存卤香。

2. 特点

卤制品重用香料，成品香味浓郁。

六、菜肴实训

项目 潮州卤水鸭

一、实训内容

（1）通过该实训的训练，让学生掌握"卤"的烹调技法，了解不同香辛原料的用途。

（2）通过该实训的训练，让学生了解和掌握糖色的炒制方法。

二、实训内容

（1）实训材料：

主料：鸭4只。

辅料：南姜500g、白膘肉500g、带皮蒜头200g、辣椒10g、芫荽50g、桂皮10g、八角10g、丁香3g、香叶3g、白豆蔻10g、草果6g、甘草5g。

调料：盐、白糖、冰糖、酱油、鱼露、香麻油各适量。

（2）实训用具：炒锅、煮锅、菜刀、砧板、盘子、碟子。

（3）工艺流程：原料初加工→处理鸭肉→爆炒佐料→熬焦糖水→开水下料→熬制→出锅成菜。

（4）制作方法：

①先将所用的鸭、南姜、芫荽等原料进行清洗。

②将南姜切块，蒜头去掉外衣。

③往鸭中塞入适量南姜，整只鸭稍作处理。

④将桂皮、八角、香叶、白豆蔻、草果、甘草等原料下锅爆炒后，装入卤味袋中，封好袋口。

⑤锅中下一勺水加热，待达到一定温度后下一定量的糖熬制到糖焦化，再加水调成糖色。

⑥往大锅中加入适量的水烧开后，依次加入南姜、蒜头、辣椒、冰糖、卤味袋、焦糖水、酱油等原料调制成卤汤，再加入鸭肉，用火熬制40分钟即可出锅。

⑦将出炉的鸭肉抹上香麻油，进行刀工处理装盘，再往鸭肉上淋些卤水、摆些芫荽即可成菜，成品效果如图5-44所示。

图5-44　潮州卤水鸭

三、注意事项

（1）炒糖色时，必须用小火慢炒，且糖色应稍嫩一些，否则炒出的糖色有苦味。

（2）食用鸭肉时，最好配蒜蓉醋蘸碟，此蘸碟中也可下适量的糖和盐来调味，口味会更醇香。

（3）上述卤水配方中加有糖色，色呈棕红，故被称为红卤，若去掉配方中的糖色便成了白卤。另外，有人爱在卤水中加入干辣椒，那样就变成辣卤了。

（4）香辛料下锅前，可以先小火炒热，有利于香味的释放。

第二十四节　腌

一、定义

腌是将洗净的原料整件或改刀后，以调料或卤汁揉擦、抓捏，静置一段时间的烹调方法。

二、操作程序

（1）对原料进行刀工处理。
（2）原料加入调料等涂抹、拌和。
（3）静置一段时间，使之入味。
（4）装盘成菜。
（5）跟酱碟上席。

三、操作要领与特点

1. 操作要领
（1）腌制时间的长短，应根据季节、气候及原料的质地、大小而定。
（2）糖腌原料一般选用脆嫩可生食的时令水果和蔬菜，糖腌汁的酸甜度要把握准，使其浓度适中。
2. 特点
腌制的成品具有质地脆嫩、香味浓郁、风味独特的特点。

四、分类

腌制的方法很多，有盐腌、糖腌、酱腌、酒腌等。
（一）盐腌
盐腌是将盐搓入要腌的材料中或将材料浸在盐水中腌。在腌制的过程中原料水分渗出、盐分渗入，保持原料的柔嫩和整洁。

（二）糖腌

糖腌是将糖搓入要腌的材料中或将材料浸在糖水中腌。

（三）酱腌

酱腌是以酱和酱油、盐、白糖等擦抹原料的一种腌制方法，经过酱腌的食品色泽红亮、脆嫩鲜香。

（四）酒腌

酒腌是用酒等对原料进行腌制的一种腌制方法。

五、菜肴实训

项目　腌蟹

一、实训目的

（1）了解及掌握螃蟹的种类及初加工方法。

（2）通过该实训的训练，让学生掌握潮菜传统腌蟹的制作技法。

二、实训内容

（1）实训材料：

主料：膏蟹500g（2只）。

辅料：芫荽2棵、蒜瓣2粒、朝天椒2个。

调味：生抽500g、香麻油50g。

（2）实训用具：汤盆。

（3）工艺流程：选料→洗净→腌制→冰镇→装盘。

（4）制作方法：

①螃蟹洗净、切好待用。

②取一汤盆，倒入生抽，加入芫荽、蒜瓣、朝天椒、香麻油，搅匀，放入膏蟹用保鲜膜盖好，放到冰箱里冰镇一晚即可，成品效果如图5－45所示。

图5－45　腌蟹

三、注意事项

（1）螃蟹选用膏蟹为好。

（2）腌制只能用酱油，不能用盐，否则味道不同。

第二十五节　拌

一、定义

拌是把调料直接拌入经初步熟处理且切成片、条、丝、丁的动物性原料中而成菜的烹调方法。拌多用于制作冷盘。

二、操作程序

（1）部分原料进行熟处理。

（2）原料进行刀工处理。

（3）调制调料。

（4）在原料中加入调料拌匀。

（5）装盘，跟酱碟上席。

三、操作要领与特点

拌制菜肴一般具有鲜嫩、凉爽、入味、清淡的特点。其用料广泛，荤、素均可，生、熟皆宜。生料多用各种蔬果；熟料多用烧鸡、肘花、烧鸭、熟白鸡、五香肉等。拌制菜肴常用的调料有盐、酱油、味精、白糖、芝麻酱、辣酱、芥末、醋、五香粉、葱、姜、蒜、香菜等。

（1）拌制菜肴所使用的动物性原料常经过焯水或用滚水浸泡，使其成熟或软化。

（2）拌制菜肴的原料不是通过加热入味，而只是与调料直接拌匀而入味，因此这些原料必须切成丝、片、条、丁，才易于入味。

（3）在潮菜的传统中，拌制菜肴较少单独作为一款菜上席，常与卤制品（如卤鹅）、烤制品（如烤乳猪）、焗制品等一起出现于拼盘中。

（4）要注意调色，以料助香。拌制菜肴要避免原料和菜色单一，缺乏香气。例如，在黄瓜丝拌海蜇中，可加点海米，使绿、黄、红三色相间，提色增香。还应慎用深色调味品，因成品颜色强调清爽淡雅。拌菜香味要足，一般总离不开香麻油、芝麻酱、香菜、葱油之类的调料。

（5）调味要合理。各种凉拌菜使用的调料和口味要求有其特色，如"糖拌西红柿"口味酸甜，只宜用糖调味，而不宜加盐和醋。另外，调味要轻，以清淡为本，下料后要注意调拌均匀，调好之后，不能有剩余的调料积沉于盛器的底部。

（6）生拌凉菜必须十分注意卫生。原料要洗涤干净，切制时生熟分开，还可以用醋、酒、蒜等调料杀菌，以保证食用安全。

四、分类

（一）生拌
生料加调料拌制成菜，即为生拌。

（二）熟拌
熟拌是指加热成熟的原料冷却后再切配，然后调入味汁拌匀成菜的方法。

（三）生熟混拌
生熟混拌，指有生有熟或生熟参半的原料经切配后，再以味汁拌匀成菜的方法，具有原料多样、口感混合的特点。

（四）腌拌
腌拌，是生料改刀后先以盐腌制，再进行调味拌食的方法。

（五）凉拌
凉拌，原料或生或熟，不经加热，调拌凉吃。

（六）温拌
温拌，原料经加热预熟，稍晾后仍保持一定温度时拌制。

（七）热拌
热拌，原料经预熟或加热后，趁热拌食；或原料码在盘中，浇热汁调拌。

（八）清拌
以素料拌制的称清拌。

（九）净拌
不论生熟料，只取一种原料拌制的称为净拌。

（十）混合拌
以三种以上原料混合拌制的称混合拌，亦称杂拌。混合拌也可将三种以上原料在盘中摆成图案，吃时再加调料混合拌匀。

五、菜肴实训

项目一　熟拌——冰镇芥蓝

一、实训目的

通过该实训的训练，让学生区分各种"拌"的分类，使学生认识及掌握"熟拌"的烹调技法。

二、实训内容

（1）实训材料：

主料：潮州芥蓝梗 500g。

辅料：红椒 10g、姜 10g。

调料：鱼露 6g、香麻油 10g、陈醋 3g、白糖 5g。

（2）实训用具：波浪形工具刀、砧板、锅、炒勺、筛网、筷子、汤匙、碗、保鲜纸。

（3）工艺流程：选料→清洗→切配→焯水→激凉→拌匀→密封→冰镇→装盘。

（4）制作方法：

①将芥蓝梗去皮，用波浪形工具刀切成粗丝备用，红椒、姜洗净切成细丝备用。

②将红椒丝、姜丝放入小碗中，加入鱼露、香麻油、陈醋、白糖，拌匀调成酱汁备用。

③将切好的芥蓝丝倒入沸水中焯水（一般蔬菜等原料焯水时，锅中水的量要大且要放入少量的油，火力要猛，这样在焯水后才能保持原料本身的颜色），捞起后倒入冰水中激凉，捞起芥蓝丝沥干，倒入干净盛器中，加入调好的酱汁拌匀，用保鲜纸密封，放到冰箱冷藏室中冰镇 30 分钟，取出装盘即可，成品效果如图 5-46 所示。

图 5-46　冰镇芥蓝

三、注意事项

（1）此菜最好选用潮州芥蓝，因为它比较粗壮、爽口，适合做成冰镇菜。

（2）刀工要利落，大小要一致，厚度要均匀。

（3）要掌握好焯水的方法，以保持芥蓝梗的色泽。

项目二　凉拌——凉拌海蜇

一、实训目的

（1）通过该实训的训练，让学生理解海蜇这类原料，巩固相关的基础知识。

（2）通过该实训的训练，让学生掌握"凉拌"这一烹调技法和凉拌海蜇酱料的调制。

二、实训内容

（1）实训材料：

主料：鲜海蜇头300g。

辅料：蒜头30g、红辣椒10g、芫荽15g、姜片10g、葱段10g。

调料：盐5g、白糖3g、味极鲜酱油10g、陈醋10g、辣椒油6g、料酒5g、香麻油10g。

（2）实训用具：煮锅、煎锅、漏勺、大碗、菜刀、筷子、汤盘。

（3）工艺流程：原料切丝→黄瓜丝垫盘→把海蜇丝等置于黄瓜丝上→放香菜→跟酱料上席。

（4）制作方法：

①将蒜头、红辣椒、芫荽分别洗净改刀，蒜头切成薄片、红辣椒切成丝、香菜切成段备用。

②将海蜇头去掉杂物切成粗丝放入沸水中，加入姜片、葱段、料酒焯水至熟，捞起海蜇丝放到冰水中漂凉，捞起海蜇丝沥干备用。

③取一小碗，放入蒜片、红辣椒丝、芫荽段、盐、白糖、味极鲜酱油、陈醋、辣椒油、香麻油搅拌均匀调成酱汁备用。

④将滤干水分的海蜇丝放入干净的汤盆中，倒入酱汁搅拌均匀，腌制10分钟，倒出海蜇丝，滤掉部分酱汁再装盘即可，成品效果如图5－47所示。

图 5 – 47　凉拌海蜇

三、注意事项

（1）注意海蜇需经过浸泡、洗净、烫、漂凉。

（2）注意主料和辅料的上下摆放顺序。

第二十六节　冻

一、定义

冻是潮菜特有的一种烹调方法，即将菜肴调味熬煮成含有较高胶质的汤，待其冷却凝固后食用。

在潮菜中采用冻的烹调方法的菜肴主要是"猪脚冻"，潮汕人又称之为"肉冻"，该菜适宜在冬天食用，特点是肥而不腻，上菜时配上鱼露酱碟，很有潮汕风味，是潮汕人很喜欢的一道冷菜。

在潮菜中采用冻的烹调方法的，除肉冻外，还有"冻金钟鸡"等菜肴，烹制这类菜肴，除采用降低温度的方法外，有时还要加入适量琼脂（潮汕人称之为东洋菜），使其易于凝固。由于这些菜肴都是冷却凝固后食用，故口感大都清爽可口，肥而不腻。

二、操作程序

（1）对原料进行初加工处理。
（2）对原料进行初步熟处理。
（3）在原料中加胶质物质（琼脂、明胶、肉皮等）同煮。
（4）放凉，使之凝结在一起。
（5）装盘成菜。

三、操作要领与特点

烹制这类菜肴时，要降低温度。为了易于凝固，有时需加入琼脂等物料。

四、菜肴实训

项目　水晶虾球

一、实训目的

（1）了解并掌握"冻"这一烹调技法。
（2）了解并掌握虾的初加工处理方法及运用。

二、实训内容

（1）实训材料：

主料：鲜虾350g。

辅料：猪皮500g、老鸡500g、鱼胶粉20g、高级清汤600g、芫荽25g、姜10g、葱10g。

调料：盐3g、鱼露5g、味精1g、胡椒粉1g、料酒10g、湿生粉5g。

（2）实训用具：炒锅、煮锅、筛子、碗、模具、盘子、菜刀、砧板。

（3）工艺流程：虾初加工处理→腌制→辅料熬制高汤→制作虾球→装盘。

（4）制作方法：

①将虾去壳，从背部划一刀去掉虾肠，用姜葱汁、料酒、盐、湿生粉腌制10分钟，再放入四成热的油锅滑油至熟，捞起虾仁沥干油备用。

②把猪皮、老鸡洗净，加姜、葱、料酒各5g焯水去掉血污，漂洗干净，倒入高级清汤中，用慢火煮至糜烂，过筛滤出汤备用。

③将汤重新倒回锅中小火煮开，用适量冷水把鱼胶粉搅拌均匀，倒入汤中煮开，调入鱼露、味精、胡椒粉搅拌均匀，盛起冷却至60℃备用。

④取 12 个模具（可用鸡蛋壳），逐一放入虾仁、芫荽，倒入猪皮汤放凉，把水晶虾球放进冰箱冷藏两个小时，取出虾球去掉模具，装盘即可，成品效果如图 5 - 48 所示。

图 5 - 48　水晶虾球

三、注意事项

（1）制作高汤，调入鱼胶粉时要特别注意，要既能成冻又不能有太重的鱼胶粉味道，操作起来并不容易。

（2）冻的模具要干净，才容易取出。

第二十七节　扒

一、定义

扒指的是把分别烹制好的两种或两种以上的原料分层次先后排入碟中，用调味汁或原汁勾芡后淋于原料面上成菜的烹调方法。因讲究刀工和勺工，菜形完整且趴伏于盘中而得名。

扒的菜式由底菜和面菜两部分组成，先放上碟的称为底菜，后放上碟的称为面菜。底菜、面菜不是依据主辅料划分的。

二、特点

扒菜成品具有主料软烂、汤汁浓醇、明汁亮芡、菜汁融合、丰满滑润、色泽美观等特点。

扒菜的用料主要有三类：一为高档原料，如鱼翅、海参、鲍鱼等；二为整只或整块原料，如鸡、鸭等；三为经过刀工处理的动植物性原料。

三、分类

按面菜原料的属性，扒分为料扒法和汁扒法两种。

（一）料扒法

1. 定义

将烹熟成形的面菜原料铺盖或围拌底菜的烹调方法称为料扒法，简称料扒。

2. 特点

层次分明，滋味丰富。

3. 操作程序

（1）烹熟底菜，排放于碟上（底菜的烹调方法根据原料而定）。

（2）烹制面菜。

（3）把面菜铺盖在底菜之上或围拌底菜。

4. 操作要领

（1）原料形状要求整齐、均匀，以便于造型。

（2）原料配色须协调、和谐。

（3）底菜、面菜的烹制衔接要紧凑，以免菜肴失去香味。

（4）面菜的芡宜紧，便于铺放材料。

（二）汁扒法

1. 定义

将味汁勾芡后浇于底菜上的烹调方法称为汁扒法。

汁扒菜肴通过味汁显示其风味特点，因而选用恰当且优质的味汁为制作关键。

2. 操作程序

（1）烹熟底菜，摆砌于碟上。

（2）味汁下锅勾芡，浇于底菜之上。

3. 操作要领

（1）必须选好味汁，菜式要突出味汁的风味。

（2）底菜摆砌要整齐。

四、菜肴实训

项目 丸仔扒海参

一、实训目的

（1）认识并掌握"扒"的烹调技法。

（2）了解海参这一高档原料及其加工处理方法。

（3）掌握挤捏肉丸的技巧。

二、实训内容

（1）实训材料：

主料：水发海参700g、猪瘦肉200g。

辅料：虾米、湿香菇、姜、葱各适量。

调料：盐、味精、香麻油、生粉、胡椒粉、酱油、料酒、甘草、蚝油、上汤各适量。

（2）实训用具：菜刀、砧板、炒锅、炒勺、筛网、筷子、汤匙、碗、蒸笼。

（3）工艺流程：选料→原料初加工→爆香→熬制海参、制肉丸→排放→勾芡→装盘。

（4）制作方法：

①将海参洗净待用，香菇爆香待用，海参切块，锅烧热加适量油，姜、葱爆香后加入海参、料酒、酱油，爆炒后起锅，把猪瘦肉、虾米剁成蓉，加盐、味精、胡椒粉、生粉水调匀后制成肉丸。

②把海参、香菇、虾米、甘草用上汤炖至海参肉软烂捞起，滤清汤汁待用，把肉丸炸熟至呈金黄色后，和海参一起上锅装盘，原汤用蚝油、盐、味精、胡椒粉、生粉水勾芡，最后加包尾油、香麻油即可，成品效果如图5-49所示。

图5-49　丸仔扒海参

三、注意事项

（1）海参属高档原料，烹调时要注意细节和火候。

（2）把原料砌排入盘中时，要按一定规律，不能胡乱堆放，否则影响美观。

第二十八节　醉

一、定义

所谓醉，本是指喝酒过多引起的神志昏迷。在这里，醉指的是潮菜独特的烹调方式，一种接近潮菜的隔水炖，但时间比隔水炖短的烹调方法。之所以用"醉"字，目的是强调炖出来的菜肴的香醇。

二、操作程序

（1）洗净、浸泡主料。

（2）对主料、辅料进行初步熟处理。

（3）把主料放入碗或盅中，上面盖辅料，倒入上汤，再加入调料，加盖后放入蒸笼中蒸至熟。

（4）取出，拣去不用的辅料。

（5）调味，上席。

三、分类

醉有清醉法与浓醉法两种烹调方法。

（一）清醉法

清醉法主要用于制作汤类，菜肴汤清味鲜，故应多放上汤。

（二）浓醉法

通过浓醉法制作的菜肴汤汁少，并要用湿生粉勾芡，菜肴香嫩滑润，故应少放上汤。

四、操作要领与特点

潮菜醉制菜肴用的原料，多为菌类或植物性原料，大多要先浸泡或焯水，除去杂质、污垢，因此醉制之前要认真做好原料的加工处理。

"醉"与"炖"都是上蒸笼利用蒸汽加热使原料成熟，烹调方法有点近似，但也有明显区别：

（1）原料不同。炖的原料一般是动物性原料，醉的原料多为菌类或植物性原料。

（2）火候不同。炖的菜肴原料大都是韧硬的、完整的、大块的，其炖的时间往往要2~3小时；醉的原料多为软嫩的、小块的，蒸的时间一般是半小时左右。

（3）烹制方法不同。炖可用砂锅炖，红炖的原料还需事先腌制；熟醉必须入蒸笼蒸。浓醉虽汤汁与红炖差不多，但原料不需提前腌制。

（4）红炖一般要上色，浓醉不需要上色。

五、菜肴实训

项目一　清醉法——醉菇汤

一、实训目的

（1）通过该实训的训练，让学生了解花菇的相关知识并掌握其在烹饪中的运用。

（2）通过该实训的训练，让学生区分"炖"与"清醉"，并掌握清醉法。

二、实训内容

（1）实训材料：

主料：新花菇125g。

辅料：瘦肉150g。

调料：盐5g、味精7.5g、鸡油50g、川椒5粒、上汤1 300g。

（2）实训用具：炖盅、蒸笼、菜刀、砧板。

（3）工艺流程：花菇初加工→焯熟→蒸制→调味→成菜。

（4）制作方法：

①花菇用冷水浸20分钟，剪去菇蒂，再用清水洗净，放入炖盅中，菇背向上。

②把瘦肉切成片，用开水焯熟，放在花菇上面，加盐、味精、鸡油、沸

上汤。把川椒放在瘦肉上面，加盖，放入蒸笼中蒸约30分钟取出，拣去瘦肉、鸡油渣、川椒，加入味精搅匀即成，成品效果如图5-50所示。

图5-50　醉菇汤

三、注意事项

（1）花菇应先用冷水浸泡，去掉菇蒂，以免影响口感。

（2）注意主料、辅料的摆放顺序。

（3）蒸制时间不宜过长，时间过长会使花菇色暗无香，不爽滑而下沉。

项目二　浓醉法——金钱醉菇

一、实训目的

通过该实训的训练，让学生掌握"浓醉"和排扣的方法，巩固基础知识。

二、实训内容

（1）实训材料：

主料：水发冬菇350g。

辅料：小菜心14棵、鸡骨750g、葱5g、姜5g。

调料：盐2.5g、酱油10g、料酒25g、味精3.5g、香麻油5g、湿生粉5g、鸡油100g、猪油25g、上汤150g、花椒1g。

（2）实训用具：炒锅、漏油网、炒勺、碗、砧板、剪刀、磨刀石、菜刀、蒸笼。

（3）工艺流程：把冬菇排扣在碗内→加入上汤→蒸笼炊→把冬菇覆转盘中→勾芡淋汁→装盘成菜。

（4）制作方法：

①剪去冬菇的菇蒂，排扣在碗内，加入鸡油。将鸡骨斩断，焯水，取出，放在冬菇上，再加入葱、姜、花椒、味精、酱油、料酒、盐、上汤，上蒸笼蒸40分钟取出，沥出原汤留用，拣去姜、葱、花椒、鸡骨。

②把冬菇覆转在盘中，把原汁倒入鼎中烧沸后，用湿生粉勾芡，加入香麻油拌匀，淋在冬菇上面。

③将小菜心洗净，烧热炒锅，放入猪油，加入小菜心、味精、盐，炒熟后取出围在冬菇四周即可，成品效果如图5-51所示。

图5-51　金钱醉菇

三、注意事项

（1）将冬菇排扣在盘中时要掌握好方法，才能保持菜肴的造型。

（2）勾芡时要把握好芡汁的浓稠度，不能泻芡。

第六章 干制原料的涨发工艺

本章内容： 干制原料的种类及性状，干制原料涨发的目的与原理要求，干制原料的涨发方法。

教学目的： 让学生了解干制原料的种类及性状，理解原料涨发的原理，熟悉干制原料涨发的基本要求，掌握常见的涨发方法及其操作技巧。

教学方式： 由教师讲述干制原料加工的基本理论，用实训操作来传授加工方法。

教学要求： 1. 了解干制原料的基本特性。

2. 理解干制原料涨发的基本原理。

3. 清楚干制原料涨发的基本方法。

4. 熟练掌握水发、油发、碱发以及混合涨发的方法及与其相关干货的涨发方法。

第一节 干制原料的种类及性状

一、干制原料的种类

为了贮藏、运输或某种风味的需要，运用日晒、风吹、烘烤、灰焐、腌渍等方法加工，使新鲜原料脱水干燥而成的干制品称为干制原料，又叫干料。干制原料的水分一般控制在3%～10%，蔬菜在4%以下，肉类在5%～10%。

干制原料按原料的品种来分，可分为动物性干制原料和植物性干制原料两大类，常见的品种有鱼翅、鱼皮、鱼肚、鲍鱼、海参、鱿鱼、干贝、鱼唇、燕窝、蹄筋、猪皮以及香菇、莲子、金针菜、腐竹等。从加工方法来分可分为干燥制品、腌制品、熏腊制品等。从表面上看，这些干制原料都具有干缩、组织结构紧密、表面硬化、老韧的特点，在风味方面有苦涩、腥臭、咸碱等特殊味感。在涨发时要考虑干制原料的多样性。首先是品种多样，不同的品种涨发的方法不同；其次是同一品种的不同等级会造成涨发时间不一致，干制方法的不同对涨发质量也有影响。

二、干制原料的性状

新鲜的动植物性原料经过干制处理，会发生一系列物理变化和化学变化，从而导致干制原料的很多明显特征。了解干制原料的性状，对于理解干制原料涨发原理以及掌握和正确选择涨发方法，具有一定的意义。

1. 表面硬化，质地干韧

新鲜原料在干制过程中，由于大量失水，原料中干物质（或称固形物）的浓度会增大，原料组织也会变得非常紧密，从而使得干制原料具有干、硬、韧、老等质感。这种变化从原料的表面开始，逐渐向原料内部深入，所以原料表面的硬化程度更大。

2. 体积缩小，外形干瘪

原料的水分大量散失必然会导致其体积明显缩小。由于动植物内部的组织形态并不是绝对均匀的，因此所含水分不可能均匀散失，所引起的一些缩小也不可能规则，而是一种非线性收缩（即不规则收缩）。其结果造成原料扭曲变形。弹性较好的原料如海参、蹄筋等，变形情况稍好一些。

3. 颜色变化，风味减弱

颜色变化主要发生在蔬菜类原料的干制过程中。干制蔬菜往往会失去其新鲜时的鲜艳色彩。叶绿素、胡萝卜素、花青素等天然色素的破坏，以及酶促褐变、非酶促褐变等都是引起其变色的原因。干制原料的风味大多不如新鲜状态时，主要是风味成分随水分排出而大量散失以及脂肪酸衰败所致。不过对于一些特殊原料，如海参、香菇等，干制可改善其风味。

从干制原料的以上性状看，色泽、气味、形状、质构等方面一般都与新鲜原料相距甚远，很难直接将它用于烹调，而必须进行涨发处理。干制原料涨发的目的就是通过一定的处理改善其性状，使其由干硬老韧变得滑嫩松软，由瘦小干瘪变得圆润饱满，便于烹调加工。

第二节　干制原料涨发的目的、原理及要求

一、干制原料涨发的目的

烹调使用的原料，不仅有大量鲜活柔嫩的动植物性原料，还有相当一部分脱水干制的原料，它们与新鲜原料比较，具有干、硬、老、韧等特点。由于原料的性质及干制方法不同，干硬程度也各不相同。如动物性干制原料一般比植物性干制原料更为坚韧。同样的原料，干制方法不同，脱水率也不相同。如烘焙干制法较盐腌干制法脱水率高。

干制原料可以制作多种多样的菜肴。它们在使用前都必须经过比新鲜原料加工时更为复杂的处理过程。这个处理过程称为干制原料涨发，简称"发料"。发料的目的，是使干制原料重新吸收水分，最大限度地恢复原有嫩度、松软状态；除去腥臊气味和杂质，使之便于切配烹调，合乎食用要求，便于消化吸收。干制原料一般都在复水（重新吸回水分）后食用。干制原料的复水性就是干制原料重新吸收水分后重量、大小、形状、质地、颜色、风味、成分以及其他方面恢复原来新鲜状态的程度，它是衡量干制原料品质的重要指标。

二、干制原料涨发的工艺原理

虽然随着社会生产力的发展，有一些干制原料（尤其是水产品类）的涨发逐渐由专业化生产所替代。但是，还有很多干制原料（尤其是某些地区的一些稀有原料）仍然需要厨师处理。因此，干制原料涨发是厨师必须掌握的一项基本技术。要掌握此项技术，必须了解一下涨发的基本原理。从本质上看，干制原料的涨发有两种基本类型，即水渗透涨发和热膨胀涨发。目前所运用的各种涨发方法都包含在这两种基本类型之中。

（一）水渗透涨发

干制原料放入水中后，能吸水膨胀，质地由坚韧变得柔软、细嫩或脆嫩黏糯。为什么水会进入干制原料体内呢？主要有以下三个方面的因素：

1. 毛细管的吸附作用

许多原料干制时由于失去水分会形成多孔状，浸泡时水会沿着原来的孔

道进入干制原料体内，这些孔道主要由生物组织的细胞间隙构成，呈毛细管状，具有吸附水并保存水的能力。生活常识告诉我们，将干毛巾的一部分浸入水中稍过片刻，露在水外面的部分也会潮湿，其道理是一样的。

2. 渗透作用

这是存在于干制原料细胞内的一种作用，由于干制原料内部水分少，细胞中可溶性的固形物的浓度很大，渗透压高，而外界水环境的渗透压低，这样就导致水分通过细胞膜向细胞内扩散，外观上表现为吸水涨大。

3. 亲水性物质的吸附作用

烹饪原料中的糖类（主要是淀粉）、纤维素及蛋白质分子结构中，含有大量的亲水基团（如 $-OH$、$-COOH$、$-NH_2$），它们能与水以氢键的形式结合。蛋白质的吸水作用通常又称为蛋白质的水化作用。毛细管的吸附作用及渗透作用，在干制原料体上由表及里，吸水速度快，凡类似于水的液体及可溶的小分子物质都可以进入干制原料体内，这是一种物理作用。亲水性物质的吸附作用则是一种化学作用，对被吸附的物质具有选择性，即只有与亲水基团缔合成氢键的物质才可被吸附。另外，其吸水速度慢，且多发生在极性基团暴露的部位。

（二）热膨胀涨发

热膨胀涨发就是采用各种手段和方法，使原料的组织膨胀松化成孔洞结构，然后使其复水，成为利于烹饪加工的半成品。实质上这是食品原料的膨化技术在干制原料涨发中的应用，干制原料经膨化处理后，体积明显增大，完全超出了原料新鲜时的体积，色泽变白，复水后质地松泡柔软，类似吸水的海绵，形成了与水发完全不同的特点。要弄清热膨胀涨发工艺原理，关键问题是为什么干制原料会膨胀形成孔洞组织结构，这就要从原料中水分存在的形式说起。原料中的水分以自由水和结合水两种形式存在，对原料进行干制主要失去的为自由水，而通过油的炸发汽化的主要水分是结合水，又称结构水、束缚水，这部分水在溶质上以单层水分子层状吸附着，结合力很强，在一般高温中也难以蒸发，当油温为200℃～210℃时即可破坏。由于原料在焗油中呈半溶状态，因此，这部分水在汽化的瞬间膨胀形成气室构象，并由于蛋白质完全失水，丧失凝胶特性而将无数气室固定下来，产生酥脆的质感。

经炸发以后，干制原料在一般情况下重量比涨发前减少10%左右，色呈金黄，体态空松，平整饱满，体壁均匀分布蜂孔状空洞。猪皮与蹄筋的蜂孔呈大小不均匀分布状态，鱼肚的则呈细小紧密的均匀分布状态。

三、干制原料涨发的基本要求

由于干制原料的种类繁多、产地不一、品质复杂，加上干制方法多种多样，因此，特性也各不相同，涨发方法也必须随品种特性而变化。一般来说，干制原料涨发首先要注意掌握如下的基本要领：

1. **熟悉干制原料的特性和产地，以便选用合理的涨发方法**

虽是同一种类的干制原料，但产地不同，形状也有别，特性更是不尽相同。只有了解干制原料的产地，掌握各自的特性，有针对性地运用相应的涨发方法，才能达到事半功倍的效果，并提高其涨发成率。如涨发干鱿鱼，吊片鱿鱼身薄味香、质地柔软，这种鱿鱼只需用清水浸 2～3 小时便可，这样既保持了其香味，又达到了脆嫩的目的；但如果是质量较低的日本排鱿，其形大身厚、质地又韧又硬、灰味重，不但涨发时间要长，还要加入碱水或小苏打等进行浸、漂，才能使其变得柔软。

2. **掌握干制原料品质的新旧、老嫩和好坏，以便控制浸发时间与火候**

同一产地的同一种干制原料，有新旧、老嫩、好坏之分，在加工方法和涨发时间上都有差别，应区别对待。首先要懂得鉴别，然后分别处理。如鲍鱼质量的差别就很大，煲煽时间各有不同。又如海参，有的灰味、异味特别重，必须经反复漂水、反复换水煲煽才可去除，甚至还需要辅助其他特殊方法；但有的海参灰味轻（如辽参），需要换水煲煽的次数少，漂水时间也不需那么长。

3. **熟悉涨发步骤，留意涨发过程的关键环节**

个别干制原料涨发的方法和过程比较简单。但一般干制原料，尤其是名贵的山珍海味原料，其涨发过程比较复杂，全过程会有几个工序，而且每一个工序的涨发目的、要求、关键都有所不同，必须全面掌握，妥善处理。特别是关键的环节，如果出错就会前功尽弃，影响到最后的涨发质量。如涨发鲍翅就有多个工序：浸、煽、打沙、煲、去骨、再煲煽、漂水等，每一个工序、每一个环节都有其必须掌握好的技术要领，只要有其中一个环节做不好或出错，都会影响鲍翅的涨发质量。其中有些工序是关键环节，例如打沙，如果不小心让沙粒掺进鲍翅中，整副鲍翅就会报废。

4. **注意保存良好的滋味，除掉不良的气味**

在涨发过程中，既要除去不良的气味和异味，也要尽量保存原有的美味。

5. **懂得干制原料的质地要求及涨发程度**

每一种干制原料，根据其烹调要求和本身质地，涨发的程度都会有所不同。粤菜制作中将干制原料涨发的程度称为"身度",即干制原料的软硬程度。每一种干制原料的"身度"有鉴别标准,如鱼翅,用筷子夹着中间,两端下垂为"够身";又如广肚,涨发后用手指能夹入,用刀切时爽刀,且中间不见有白心为"够身"等。由于烹调和保管的原因,一些干制原料涨发时不需完全"够身"。

6. 尽量提高涨发的成率

干制原料涨发要在保证质量的前提下讲求涨发成率。干制原料涨发成率高,菜肴的成本就会降低,这是关系经济效益的问题。所以,涨发干制原料,除保证质量外,还要有较高的涨发成率才能符合要求。

7. 做好保管工作

干制原料涨发后由于含有较多的水分,变得容易受到细菌的侵害而变坏。有些干制原料在涨发过程中加入了大量的肉料,汤汁中含有丰富的蛋白质,也容易使干制原料滋生细菌而变质。因此,干制原料涨发后必须注意做好保管工作,以免造成损失。

第三节　干制原料的涨发方法

一、冷水涨发

冷水涨发是将干制原料浸泡在冷水中,让水分向其内部传递,使干制原料涨大回软的方法。冷水涨发除可直接用于涨发外,还常被用作其他涨发法的辅助涨发方法。

冷水涨发利用的是渗透原理。所谓渗透是不同物体之间水分的流动,流动的方向是从浓度低者渗向浓度高者。新鲜原料含水分丰富,干制后,原料内部可溶性固体物的浓度很大,与外界的水的浓度形成渗透压差。假如原料组织结构比较疏松,内部分布大量毛细管,则外界的水可很方便地渗入内部,使原料复水。但事实上,动物性原料结构大多紧密,尤其像鱼翅、海参、鱼肚等,富含胶原蛋白,结构致密,尽管内部浓度很高,但外边的水分渗入不易。所以像鱼翅、海参放冷水浸泡后会吸收部分水整体变软,但要膨大发透却不可能。

冷水涨发操作比较方便,只需淹没浸泡,经常换水即可。为其他涨发法作前期准备的冷水浸法,一般是浸到干制原料体积略大、身体变软即告完成。

冷水涨发有时还作为其他涨发法的后续漂浸工序，除最终完成涨发外，还能除去不良味道，如碱水发后须以清水漂浸除异味。

实训 浸发黑木耳

材料：黑木耳。

用具：大碗。

操作流程：

（1）捡出黑木耳中的杂质；

（2）用清水将其浸泡2~3小时。

（3）将其末端的菌丝、木屑剔除，洗净泥沙，再用清水漂洗即可。

成品特点：色泽黑亮饱满，口感鲜嫩脆爽。

注意事项：

（1）水发原料刚软时要及时清洗灰尘和泥沙，然后换清水继续浸泡涨发至所需的程度。

（2）异味较重的原料在涨发中要注意勤换水。

二、热水涨发

与冷水相比，热水能更快地使干制原料涨发，一些冷水发不透的干制原料就得借助于热水来发。其原理是加热可以加快水分子的热运动，使扩散系数和渗透压增大，水的扩散速度和通过细胞膜的渗透速度增快。处于动态的热水，其渗透效果更好。热水涨发有几种形式：

1. 用温水或开水泡

这一般针对结构相对疏松，但在冷水中还不能很快泡发的原料，比如燕窝。

2. 用开水煮

持续恒定的100℃水温加上沸腾带来的加速热渗透，能使结构致密的原料复水，适用于鱼翅、鱼肚等。

3. 焖

开水煮的不足之处是热量总是由外而内传导，过分的震荡带来的热渗透使表面受到远比内部多的热量，易造成表层酥烂而内心仍硬的后果。因此焖就显示出了它的优势。焖是将水烧开后维持似滚非滚的状态，让温度恒定在90℃~100℃，使热量和水分均衡地渗透到原料里层的方法。难以发透的原料都要经过焖的涨发阶段。有时家庭涨发海参取用广口热水瓶就是利用这个原理。

181

4. 蒸

蒸是将干制原料放在蒸箱里以热蒸汽加热的方法。许多干制原料是浸放在水里，放入蒸箱，蒸至原料涨发完成取出。蒸汽加热实际是水加热的变种。蒸汽能够传递更高的温度，这温度来自蒸箱，它是个密闭的空间，随着蒸汽的积聚而产生压力，压力提升了蒸汽的温度。同时，压力能使原料致密的结构疏松。因此，加热同等时间，蒸汽比水能更快地使原料涨发到位。蒸汽加热还有一个特点是能保持原料的形态。水导热是一种对流的形式，水的流动带动了原料，在焖煮过程中，原料外形有可能遭到破坏。而蒸汽导热是热量的聚合，原料加热时处于相对静止状态，外形很少受损。至于原料放在盛器中加水浸没之后再蒸，对这个盛器来说，热量来自四周，没有方向性，因此原料浸于水中也不会受到冲击。而保持原料的形状对有些干制原料来说意义非常重大，比如排翅，若因涨发而变成散翅岂不可惜！

实训　水发海参

材料：海参。

用具：大碗、大锅、菜刀。

操作流程：

（1）用冷水浸发约 4 小时。

（2）换清水加热至沸即离火。

（3）70℃～80℃水温恒温泡发 6～8 小时，至体积涨大约 50% 时取出，剖腹摘除内脏洗净。

（4）换清水加热至沸即离火。

（5）保持 70℃～80℃水温泡发约 12 小时，至两头垂下取出。

（6）换清水浸漂待用。

成品特点：质地饱满、滑嫩，两端完整，内壁光滑，无异味。

注意事项：

（1）泡海参的水中不能有油和盐，海参遇油易腐化，遇盐不易发透。

（2）开刀应在腹部，不能在背部，否则会使肉质松散。

（3）在涨发的过程中应将先发好的海参分别提出，确保软烂度一致。

三、碱水涨发

碱水涨发是在泡发干制原料的水中添加烧碱、苏打、石碱、硼砂等原料，以使原料更多、更快地吸收水分的方法。碱的加入对涨发可以起到以下作用：

1. 去脂

碱与脂肪发生皂化作用，可有效地脱脂，而脂肪恰是疏水的。因此它能帮助水的渗透及一些油发干制原料涨发之后的去脂。比如油发鱼肚之后可以加少许碱漂洗。

2. 吸水

动物性干制原料偏酸性，加入碱后，pH 值开始向碱性偏移，改变了蛋白质分子的等电点，形成带负电荷的离子。由于水分子也是极性分子，所以这增强了蛋白质对水分子的吸附能力，加快了水发的速度，提高了涨发率。

3. 漂白和除味

碱的脱脂除污能力在参与涨发时得到了体现。有些原料通过它可在涨发的同时增白，比如燕窝。海参在涨发后期用碱水浸泡，不仅能提高出品率，也能除去涩辣味。传统方法发鲍鱼用硼砂也是相同道理。

碱参与涨发的弊端也显而易见。首先是破坏了蛋白质，使营养成分受损；其次是万一漂洗不清，会带来刺激味道，影响菜品质量。

实训　碱发鱿鱼

材料：干鱿鱼、火碱。

用具：碗、锅。

操作流程：

（1）鱿鱼要先用清水浸泡 1 天左右。

（2）取 15kg 水和 17g 火碱和匀调配成火碱溶液备用。

（3）鱿鱼切小块后用碱水浸泡 4 小时以上，再加热提质，随时观察，打捞已提质好的，提质中切忌沾油、酸、盐。

（4）涨发好后放入清水浸泡备用。

成品特点：色淡黄、体柔软。

注意事项：

（1）火碱溶液的腐蚀和脱脂性非常强，操作时应注意安全。

（2）要掌握好碱液的浓度、温度以及涨发时间。

（3）食用时，以大量的开水反复除去碱质，碱发鱿鱼一般多用于热菜肴的烧、烩等。

（4）存放保管中切忌沾油、酸、盐，但要保持一定量的碱液浓度，不可以冷冻保管，可以在 5℃ 的温度下短时间（3 天左右）保管。

四、油发

油发是将原料浸没于油中，利用油的加热逼干水分并使胶原蛋白膨胀空松的方法。鱼肚、海参等的主体成分是胶原蛋白，它呈三股螺旋缠绕一体的结构。在油中，当温度升至120℃～130℃（即四成热左右）时，蛋白质分子键合处的结晶区域熔断，使干制原料收缩，此时倘若原料较厚，可停火，任其自然冷却。冷却过程使原料紧紧收缩而将蛋白质分子中的结合水包紧。然后升高油温至190℃左右，再放入原料，结合水突遇高温，汽化爆破形成气室，里外同时膨胀发力，将原料膨胀成充满空洞的海绵状。倘若原料较薄，在油中加热，待结晶区域熔断后可不经"焐"的阶段，直接升高油温令其膨松。

实训　油发鱼肚

材料：鱼肚。

用具：炒锅。

操作流程：

（1）鱼肚随冷油下锅，慢慢升高油温至鱼肚开始收缩，油温升至115℃时维持30分钟。

（2）捞出鱼肚，升高油温至185℃～195℃，将鱼肚重新投入油锅，炸15秒捞起。

（3）将油发好的鱼肚进行水发备用。

成品特点：体积膨大，色泽淡黄，鱼肚捞出后一折即断。

注意事项：

（1）涨发时要掌握好火候。

（2）低温油焐阶段原料表面不能起泡。

五、混合涨发

混合涨发是用两种以上介质对于干制原料进行涨发的过程。目前仅用于蹄筋、鱼肚等少数干制原料。混合涨发分为四个阶段：一是低温油焐阶段，二是水煮阶段，三是碱液静置阶段，四是冷水漂洗阶段。低温油焐阶段是将干制原料放入低温油中加热，油温保持在110℃左右，时间为30～60分钟，然后捞出。水煮阶段是将第一阶段的干制原料放入锅中加热煮沸，时间约为

40分钟，使物料略有弹性。碱液静置阶段是配制5%的食碱溶液，温度保持在50℃左右，连同原料放入保温的容器中，时间为6~8小时，使原料的体积有所增大。冷水漂洗阶段是将原料从碱溶液中取出后，洗去原料表面的碱溶液，静置在冷水中，每过2小时左右换一次水，泡7~8小时即可。

混合涨发的操作关键：一是低温油焐阶段原料表面不能起泡；二是由于混合涨发的时间较长，所以在具体使用时，需把涨发时间计算好。

实训　涨发鱼皮

材料：鱼皮、碱粉。

用具：炒锅、手勺。

操作流程：

（1）锅内放冷油，下鱼皮，用小火加热，并用手勺翻动鱼皮，使其受热均匀，当鱼皮收缩时，保持此温度30分钟待用。

（2）锅内放清水、碱粉，鱼皮、水、碱粉的比例为10：0.2：1，先将碱水烧至50℃左右，放入鱼皮，保持温度在40℃左右焖发约8小时即可。

成品特点：鱼皮绵软无硬心、色透明。

注意事项：

（1）低温油焐阶段要注意油温，油温不能太高，不然鱼皮表面易起泡。

（2）鱼皮涨发够身后，要用清水漂洗去除碱味。

第七章 潮菜的制汤工艺

本章内容： 制汤的定义与作用，汤的种类，制汤的原理，制汤的关键，鲜汤的配方及熬制。

教学目的： 让学生了解汤的种类，掌握制汤的基本方法，知道制汤的原理和关键，使学生对制汤工艺有一个全面的了解，并能熟练运用。

教学方式： 教师讲述制汤工艺的基本理论，包括制汤的原理、关键等，并亲身示范，学生在听老师讲、看老师制作及亲身实践中熟练掌握制汤的方法。

教学要求： 1. 了解制汤的种类。

2. 了解制汤的原理。

3. 掌握制汤的关键。

4. 在实际训练中熟练掌握基础汤及成品汤的制作方法。

第一节 制汤的定义与作用

一、制汤的定义

制汤，是将蛋白质与脂肪含量丰富的原料放在水锅中长时间煮沸，使原料中的蛋白质与脂肪溶解于水，制成鲜美的汤，以供烹调之用。

二、制汤的用途

俗语说："唱戏的腔，厨师的汤。"汤的好坏对菜肴的质量有极其重要的影响。不仅各种汤类菜肴要大量使用鲜汤，而且其他菜肴也需要鲜汤。汤可为汤类菜肴提供半成品，也可增加原料的鲜香味。

例如，燕翅鲍参肚中，除鲍鱼略有鲜味之外，其他原料都只有质感上的特点。有些不但没有鲜味，反而带有浓烈的腥臭味，这些原料无一不靠鲜美汤汁的"侍候"赋味。这也体现了中国菜"味入味出"的原则："有味使之出，无味使之入。"

第二节　汤的种类

一、汤的种类

（一）划分方法

根据汤汁的品质层次划分：普通汤、精制汤（特制汤）。

根据汤汁的用料划分：素汤、荤汤。素汤选用植物性原料，如黄豆芽或香菇、口蘑、笋等熬制；荤汤用动物性原料熬制。

根据汤汁的用途划分：基础汤、成品汤。

根据汤汁的色泽划分：浓汤、清汤。浓汤可分为一般浓汤和奶汤；清汤可分为一般清汤和高级清汤。

（二）清浓分类

比较实用的汤的分类方法是按色泽划分，即清浓分类，具体如下：

1. 浓汤

浓汤色泽乳白，口味鲜浓。按原料质量、数量的不同，又分为一般浓汤和奶汤。

（1）一般浓汤（俗称"毛汤"）。这种汤的制法较为简单，一般是将鸡、鸭、猪排骨、猪肘（蹄膀）等放入冷水锅内，烧开后去净浮沫，加上葱、姜、酒，用中火煮至汤呈乳白色时即可。一般浓汤的浓度较差，鲜味不足，只能做一般菜肴的调味之用。

（2）奶汤。其制法是将鸡鸭骨架和翅膀、猪棒骨、猪肘（蹄膀）、猪排骨等放入冷水锅中，用旺火煮沸，去净浮沫和血污，加上葱、姜、酒，加盖继续用中火煮至汤变稠呈乳白色时为止。这种汤口味鲜醇浓厚，能增加菜肴口味的浓厚和香鲜，一般作为焗、煮菜肴的汤汁，以及为烧、炖菜肴等比较讲究的菜肴调味之用。用料通常是原料5kg，加水10kg，制汤5~7kg。

2. 清汤

用于高档菜肴的调味，它的特点是清澈见底，滋味醇厚。清汤按加工程度的不同，又分为一般清汤和高级清汤两种。

（1）一般清汤。制法是将老母鸡洗净放入冷水锅中，用旺火煮沸，随即改为小火长时间加热，使鸡体内的蛋白质、肌苷酸等鲜味物质充分溶入汤中。制清汤必须始终保持小火，否则汤汁容易浑浊。用料通常是净鸡1.5kg，加水4kg，制汤2.5kg。

（2）高级清汤。以一般清汤为基汁，进一步提炼精制而成。汤色更为澄清，滋味更加鲜醇。制法是先用纱布过滤已制成的清汤，除去渣状物，再将鸡腿肉去皮制成蓉，加葱、姜、料酒和适量清水浸泡后，投入已过滤好的清汤中，用旺火加热。同时用勺不断搅动（按一个方向），待汤将沸时，立即改用小火（不能使汤翻滚），使汤中的固体小颗粒、油滴、泡沫等悬浮物与鸡蓉黏结而浮在汤面上，最后用勺将鸡蓉撇净即成为更澄清的鲜汤。也可以将浮起的鸡蓉用勺捞起压成饼状，使之飘浮在汤水上，以使其中的蛋白质充分溶解于汤中，再除去鸡蓉。

二、吊汤

制作高级清汤的过程也称"吊汤"，其目的是提高汤汁的澄清度。吊汤所用的原料除鸡蓉外，也可用瘦肉蓉或鸡蛋清。这些原料实际是一种助凝剂，其中的蛋白质是凝聚基汤中悬浮物的主要物质。蛋白质离子的分子量很大，当它们被加入汤液中时，由于分子量很大，在盐的作用下，会形成链状结构，在汤液中加热可形成很长的链，并强烈地吸附汤液中的悬浮微粒，形成更大的凝聚物，更有利于悬浮颗粒的沉淀或上浮，使汤汁清澈。

因此，吊汤也可以看作是制作浓汤的逆过程。制作浓汤是要将脂肪和水混为一体，而吊汤则是将脂肪从水中剥离出来。然而吊汤并不把鲜味物质抽离。相反，吊汤原料自身的鲜味还会在加热过程中增强汤汁的鲜味。吊制好的清汤还可以用纱布或是网眼极细的筛网再过滤一次，这样就达到了顶极鲜汤的境地。

第三节　制汤的原理

一、浓汤

汤汁要达到浓白、醇厚，必须具备四个条件：①富含含氮浸出液的原料；

②脂肪；③胶原蛋白质；④震荡。

鲜汤之鲜味由原料中含鲜味的成分浸出于汤汁中。这种成分就是含氮浸出液。这些含氮物质悬浮于汤汁中，造成汤汁不透明，成为悬浊液。悬浊液能使汤汁在变鲜的同时变浓。

浓汤不排斥脂肪，甚至可以说脂肪是浓汤的最重要因素。在正常情况下，水和油的表面张力都非常大，互不相容。脂肪的比重轻，始终浮于水面。但倘若具备以下条件，油水便会相容：①加热；②加入乳化剂；③震荡。

加热能降低水、油的表面张力，使水、油具备包容性。

乳化剂实际是一种媒介物质，从分子结构来看，它含有亲水性的极性基团和亲油性的非极性基团，因此当它在水和油的中间时，极性基团伸向水相，非极性基团伸向油相。乳化剂分子紧密地排列在油相和水相的界面上，从而形成一层乳化剂的薄膜，起着保护、稳定乳浊液的作用。通俗地说，就是油通过乳化剂进入水中，水也通过乳化剂进入油中，油水相容的结果是生成乳浊液，牛奶就是一种天然的乳浊液。在食物原料中，磷脂就是一种天然的乳化剂。含磷脂丰富的原料有豆油、猪油、鸡油等。我们可以做一个简单的实验，在净锅中加入以上三种油中的一种，烧热后加水，加盖用大火焖烧15分钟，揭盖后就会发现锅中是雪白的"牛奶"，这"牛奶"即乳化剂乳化的产物。

胶原蛋白大量存在于动物性原料的皮、骨、筋当中，放入水中煮后，胶原蛋白会水解成明胶。明胶具有胶冻性，做点心的皮冻是典型的明胶。在汤汁的熬制中，悬浊液和乳浊液使汤汁变浓，但它们不够稳定，静置后会发生沉淀，使浓白的汤汁变成上清下浓的状态。如何使汤汁始终浓醇如一呢？在汤汁中加入明胶是最好的办法。明胶使汤汁的流动性变差，脂肪和水融合在一起，因此汤汁口感黏稠厚实。猪蹄、鸡爪常被用于熬制浓汤就是这个道理。

震荡是制作浓汤的动力。因此，熬制浓汤不能用小火，起码要用中火甚至是大火。脂肪和水剧烈地碰撞才有可能相互融合。

二、清汤

与浓汤相比较，熬制清汤需要的是含氮浸出液和胶原蛋白，而坚决排斥脂肪和震荡。含氮浸出液提供汤汁的鲜美口感，胶原蛋白能增强汤汁的醇厚度，因此熬清汤的选料与熬浓汤的选料大不相同。清汤以清鲜为主，排除脂肪。熬制讲究的清汤所选的鸡都要事先除油，焯水洗净后才入汤锅熬制。熬清汤都是以大火烧开之后，维持小火慢慢熬制，以防火大造成汤汁变浓。熬制时间为 5~6 小时。清汤熬制的时间一般都长于浓汤熬制的时间。

原料与水的比例及原料与原料之间的不同组合决定了清汤质量的高低。例如烹制燕窝等顶级原料，必用顶级清汤相佐，因此高级清汤的熬制法又略有不同。可精选原料，按一定的比例加水，大火烧开小火熬制，在熬制结束前还有一个吊汤（提炼）的过程，流程为：过滤→加热→投入蓉状料→烧开→撇沫→过滤。

第一次过滤是将熬好的汤滤去杂质，使汤料分离，此时动作要轻，不使汤变浑。然后将汤放桶里，烧至将开时放入已剁成泥状并用水化开的鸡腿肉、鸡胸肉，搅拌一下，随即就会有浮沫出现，用勺子反复撇除浮沫，也可加少许冷水镇一下，使汤面平静。鸡蓉或其他蓉泥（肉泥也可）因血水具有吸附性的特点，可将悬浮在汤中的细小颗粒状物尤其是脂肪吸附于一体，扩充体积，增加了浮力，最终浮于汤面，被轻易撇除。

清汤不能震荡，因此排除震荡也成为制作清汤的一种手段。除了熬制用小火，维持似滚非滚状态外，取用蒸法更为有效。将焯水后洗净的原料放在盛器中，加水淹没原料，加上盖或是以保鲜膜封面，放在蒸笼或蒸箱中蒸 10 个小时以上。蒸笼或蒸箱里是个密闭的空间，底下的蒸汽往上走，但没有出路，于是越聚越多的热蒸汽从四面八方对原料进行加热，积聚在一起产生了压力，压力又提高了蒸汽的温度，因此蒸汽的温度最低是 100℃，最高可达 106℃。倘若密闭性能好，温度还可能提高。与水煮相比较，蒸汽加热时热量的传导没有方向性，不可能形成水导热所具有的对流现象，因此水处于相对静止状态，原料浸于热水之中，呈鲜物质慢慢浸溶出来。汤汁没有沸腾现象，因此也就不可能混浊，在压力和高温的作用下，原料更容易酥烂。但与焖煮法相比，汤汁中含氮浸出液的数量不及水煮。因为在水煮时，原料随水的流动而动，流动的热水的浸润作用更显著，原料内外水分的交流会使更多的呈鲜物质析出于汤汁中。蒸汽加热能最有效地保持汤汁的清澈度，其汤汁不易浓醇的缺点可以通过调节水与原料之间的比例来改善。

第四节　制汤的关键

一、用料

用来熬汤的原料必须新鲜，无较重的腥膻异味。带有血腥味的原料应经焯水、洗净之后再熬煮。清汤的原料主要是老母鸡、瘦肉、火腿，为增加鲜味也可加干贝、牛肉，但牛肉易使汤色变深。清汤一般反对使用水产类原料、香料，以免影响汤汁清醇度。浓汤的主要用料是肉，尤其是带皮、带骨的原料，因为它们除了脂肪，还能提供胶原蛋白。因此，蹄膀、猪脚、方肉（肋条）成为主料，还可加入鸭、鸡等充当配料。与清汤强调清、鲜的特点不同，浓汤要提供浓厚甚至黏腻的口感，鲜味反而退居二线。

熬汤用的火腿最好先经油炸，以除去部分水分及异味，使鲜香味更加突出。炸时油温不能高，时间不能太长，见其略收缩即可。

不同原料的组合、用料与水的比例决定了汤的质量。高级汤熬成用完后，原料再加水仍能熬成一般质量的汤。

二、调料

不管是清汤还是浓汤，一般都提倡尽量少用调料，因为熬汤的原料都是新鲜的，不可能有很重的不良味道。加酒虽然去腥，但是酒用在清汤里反而可能影响汤色。熬汤都是在大桶里一次熬成，再零星使用的，酒或香料放少了，根本不起作用，放多了，反而易造成负面影响。

浓汤里不宜加入火腿等咸味配料及盐等咸味调料。因为盐是一种电解质，能够剥离水油混为一体的乳浊液，使水油分离，造成浓汤不浓。而清汤则无所谓，有盐分参与反而有利于蛋白质的浸出，因为蛋白质具有盐溶性特征，低浓度的盐分增加了蛋白质的溶解度。然而，并不提倡熬清汤时有意加盐，因为一旦汤变咸了，调味时就会难以把握。

三、火候

熬汤的关键在于火候的正确运用。熬制清汤时大火烧开撇尽浮沫后始终维持小火熬制，保持汤汁的似滚非滚。熬浓汤则不可用小火，要保持适度的"震荡"。但需要防止粘底，一旦出现这种情况，整锅汤都会有焦味，是不能用于烹调的。比较而言，清汤的熬煮时间更长一些，为 5~10 小时，而浓汤则为 3~6 小时。

在汤汁的熬制过程中，原料都应冷水下锅，熬煮一定要一气呵成，不可煮煮停停，更不可在熬煮时加入冷水。一冷一热，使原料骤然收缩，影响呈鲜物质的浸出。因此一定要一次性地将水加足，尽量不在中间加水，即便要加水，也只能加沸水。

四、鲜汤的保存

熬制的鲜汤提倡当天熬当天用，尽量不过夜。过夜之后，汤的清澈程度及鲜味都会受到影响。有时必须保存时，短期可放保鲜柜，两天以上的保存要放在冷冻柜里。一般来说，浓汤的放置后期效果好于清汤，因为浓汤有较丰富的胶质，冷冻后会变成固体。冷藏的鲜汤要自然化冻，使用前用小火熬煮一会儿再用。为图方便，可使用部分鲜汤再兑加鸡粉、鲜鸡汁等工业化产品。鸡粉是浓缩的鸡汤经喷雾方法制得的，是超浓缩的鸡汤，它可以有效地增浓一般性的鲜汤，提升一般清汤、一般浓汤的档次，而且呈味效果显著。鲜鸡汁就是超浓缩的高汤，只需加入一点点，便能使一般鲜汤脱胎换骨。虽然厨师都始终相信亲手熬制的汤汁是最好的，但在熬制好的汤汁中稍稍添加一些现代科学的结晶产品，能获取更好的色味效果。但需提醒的是，使用好的产品才是最关键的。

第五节　鲜汤的配方及熬制

一、一般清汤

用料：母鸡 2 只，每只重 1.25kg；鸡骨架、鸡爪共 1kg；火腿皮或火腿骨 1kg；水 10～15kg；生姜 50g。

制法：取一大汤锅或汤桶，将洗净的原料和水同时放入汤桶中，用大火烧开，撇净浮沫，转小火，维持似滚非滚状态焖 4～6 小时，得汤 8kg 左右。滗出汤汁，用纱布过滤一下，即可用于烹调。

特点：鸡汤白中带黄，清澈，口味鲜香。

适用范围：用于烹制一些价格不太高的小散翅、鱼肚、海参等原料以及要求汤汁清鲜的菜肴，用来提鲜增味。

讲评：主料为鸡和鸡骨架、鸡爪等，重点突出鸡的鲜香味。因价值相对不高，故可用一些火腿的边角料，以有火腿香味即成。这种清汤的滋味比较醇。倘若少加些水，这种汤的品质还可以得到提升。

二、一般浓汤

用料：蹄膀 2 只，每只重 1kg；母鸡 1 只，重 1.2kg；猪脚 1kg；猪肚 2 只，共重 1.2kg；生姜 50g；酒 50g；加水 20~25kg。

制法：将所有原料洗净，放在汤桶里，加水，用大火烧开后撇净浮沫，转用中火，加盖，维持汤汁的滚动，熬 3~5 小时，至汤色变浓白时，除去原料另用，汤即可用于烹调。

特点：汤汁浓白，口味醇厚、鲜香。

适用范围：可用于要求口味浓厚，而原料档次不够高的海参、小散翅、鱼肚等所制菜肴中的提味，增加肥厚鲜香的口味。

三、高级清汤

用料：老母鸡 1.5kg，排骨肉 750g，火腿 250g，干贝 50g，生姜 25g，生鸡腿 100g，鸡里脊 50g，水 7.5kg，得汤 6kg。

制法：将老母鸡、排骨肉斩成大块，放水中焯烫后洗净，与其他原料一起放在汤桶里，烧开后撇净浮沫，转小火，似滚非滚地煮熬 5~8 小时。轻轻倒出汤，除去熬汤原料。将汤重倒回汤桶，将烧开时，放下剁成泥状的鸡腿（带皮连骨一起剁碎，用水调开），用勺搅拌一下，等到汤汁将开，浮沫上浮时，赶紧撇除，待汤稍沸，即离火。又将剁成泥状的鸡里脊用水调开放入汤桶，用勺搅拌一下，待汤又将沸腾时，除尽表面浮沫，熄火，用纱布将汤过滤一下即可使用。

特点：汤汁呈淡茶色，透明度很高。香味扑鼻，口感清鲜醇厚，为最高级的汤。

适用范围：大凡燕翅鲍肚参菜肴，取其清鲜味道的，都可以此汤调之。

四、高级浓汤（奶汤）

用料：猪蹄膀 2kg，猪脚 1kg，老母鸡 1.5kg，干贝 25g，肥鸭 1.5kg，水 15kg，生姜 25g，白胡椒粒 10g，得汤 12kg。

制法：取一大汤桶，放入所有原料，放大火上烧开后转中火或中偏小火熬煮，始终保持汤汁的滚动（未必是沸滚），熬 4~5 小时，至汤汁浓白时，捞去原料另用，汤汁即可用于烹调。倘若不够浓，还可用以上熬好的汤汁再加工。方法是取肉糜放锅中炒散，炒时加豆油，然后加入熬好的汤，用大火加盖焖滚，约 15 分钟即成。可见汤汁浓白胜过牛奶，是为奶汤。三者的分量为：100g 豆油，500g 肉糜，5 000 克白汤。

特点：浓白厚实，用嘴唇咂汤，能觉黏稠感。鲜味好，稍一冷却，即能结冻。

适用范围：适用于鱼翅、海参、鲍鱼等所制的需口感肥厚的菜肴，起到化平庸为神奇的效果。

第八章　潮菜的蓉胶工艺

本章内容： 蓉胶作用及其形成的机理，蓉胶工艺在潮菜中的应用。
知识拓展： 猪肉丸、牛肉丸的制作，潮汕鱼丸与苏式鱼丸的区别。
教学目的： 让学生了解蓉胶工艺的目的，掌握调制蓉胶的原料和方法，使他们能在实践中熟练掌握蓉胶工艺。
教学方式： 由教师讲述制作蓉胶的基本理论，通过实训操作示范并让学生反复练习来掌握制作蓉胶的操作方法（可以结合菜肴操作加以巩固）。
教学要求： 1. 掌握蓉胶作用及其形成机理。
　　　　　　　2. 重点了解蓉胶工艺。

第一节　蓉胶的作用以及形成的机理

一、蓉胶的定义

蓉胶制作是将动物性肌肉粉碎性加工成蓉状后，加入水、盐等调料和辅料并搅拌或捶打成有黏性的胶状物的烹调方法。

二、蓉胶的作用

（1）丰富菜肴的造型和色彩。
（2）改善原料的质感。
（3）利于原料的入味。
（4）缩短烹调时间。
（5）利于菜品的定型和点缀。
（6）使菜品便于食用和消化吸收。

三、蓉胶的形成机理

1. 表面积的增加

动物性原料的肌肉经斩碎后形成分散的细粒子状，吸附水分的表面积比原来大大地增加了。

2. 毛细管微孔道的内外蒸汽压差

制作蓉胶时边搅拌边加水，增加了肉馅对外加水分的吸附，在肉馅内部形成了大量的毛细管微孔道结构，在毛细管内所形成的蒸汽压低于同温度下水的蒸汽压，所以毛细管能固定住大量水分，这是肉馅能再吸附大量水分的重要原因。

3. 离子的化学吸附

（1）钠离子、氯离子进入肉馅内部使渗透压增大，增加进入肉馅的水量。肉馅对水分的吸附既可以是极性基团的化学吸附，也可以是非极性基团的物理吸附，以及水分子与水分子之间发生的多分子层吸附。如果在搅拌肉馅时加入适量盐分，吸水量还能进一步增加，其原因是：食盐是一种易溶于水的强电解质，很快就溶解在水中并电离为钠离子和氯离子进入肉馅的内部，使肉馅内部水溶液的渗透压增大，外部添加的水就更容易进入肉馅。

（2）球蛋白溶解度的变化，加大了球蛋白分子的吸水量。由于球蛋白易溶于盐液，加盐后球蛋白分子在水中的溶解度增加，这样也就加大了球蛋白分子的极性基团分子的吸附量。

（3）胶核对离子的吸附的变化。肌肉中的蛋白质是以溶胶和凝胶的混合状态存在的，其核心结构胶核具有很大的表面积，在界面上有选择地吸附一定数量的离子。食盐离解为带正电荷的钠离子和带负电荷的氯离子，其中某一种离子可能被未饱和的胶粒所吸附，被吸附的离子又能吸附带相反电荷的离子。不管钠离子还是氯离子，它们都是水化离子，即表面都吸附了许多极性的水分子，所以肉馅一经加水、加盐搅拌成蓉胶以后，吸收了水分，口感便更加嫩滑爽口。

四、影响蓉胶质量的因素

1. 盐的浓度及投放时间

蓉胶能否达到细嫩而有弹性的质感，跟盐的浓度和投放时间有直接的关系。我们以鱼蓉胶为例，鱼蓉胶成品的弹性是由鱼肉蛋白的主要成分肌球蛋白盐溶液的特性所形成的。据食品工艺学的有关资料可知，形成鱼蓉胶最佳弹性的食盐浓度应在 $0.5\sim3mol/L$，食盐的添加可使活性蛋白质溶出作用加强，但对菜品来说，如果添加食盐浓度超过 $1.5mol/L$，口味就会变咸，所以应控制在 $0.6\sim1.2mol/L$ 的范围为佳。调蓉胶时如果要加水，应先加水后放盐（在制作鱼面、虾面类时），如果在制作过程中先往鱼蓉胶中加盐，就会导致鱼肉细胞内溶液的浓度低于细胞外的浓度，鱼蓉胶不仅吃水量不足，还会造成水分子向盐液渗透，出现脱水现象。所以应先往鱼蓉胶里逐步加水并不断搅拌，使鱼肉细胞周围溶液的浓度低于细胞内的浓度，这样细胞内的渗透压就大于细胞外，水在渗透压差的推动下，就能从细胞外向细胞内渗透，待渗透平衡时，鱼蓉胶的吃水量可达到最大，再加盐搅拌上劲，这样做出来的鱼蓉胶菜肴才能鲜嫩而富有弹性。

2. 温度和 pH 值范围

制作蓉胶的最佳温度是在 $2℃$ 左右，因为这一温度的蓉胶最稳定，最利于肌肉活性蛋白质的溶出。温度达到 $30℃$，蓉胶的吸水能力下降，因为形成蓉胶嫩度和弹性的主要蛋白质——肌球蛋白在加盐后对热很不稳定，所以夏天比冬天调蓉胶的难度更大一些，夏天的投水量也要稍少一些，有时可把调好的蓉胶放入冰箱冷藏，使蓉胶更加稳定、更加利于成形。在加热成熟时，温度也要控制好，如水氽鱼丸水温一般应在 $85℃$ 左右，如果沸腾，鱼丸会失去弹性。特别是加入蛋清和生粉的蓉胶菜，温度过高不但会失去弹性，而且会出现外形干瘪和质地粗老的现象。此外，蓉胶的弹性与蓉胶的酸碱度有密切关系，pH 值在 6 以下，弹性下降，pH 值在 $6.5\sim7.2$ 范围内形成的弹性最强。

第二节　蓉胶工艺在潮菜中的应用

一、虾胶类

（一）虾胶的制作工艺流程
鲜虾初加工→吸干水分→拍打成虾泥→加料→调味→应用。

（二）利用虾胶制作的菜式
蒸菜：百花彩鸡、水晶田鸡、清金钱鳝、炊鱼翅盒、蒸水晶虾。
炸菜：干炸虾枣、干焗蟹塔、干炸蟹枣。
炸焖菜：焖鱼翅卷、焖烟筒虾、煎寸金虾。

汤菜：上汤虾丸、清金鲤虾。

（三）实训：虾胶类——脆炸虾球

1. 实训内容

（1）实训材料：

主料：虾仁500g。

辅料：小馒头250g、荸荠肉50g、韭黄50g、白膘肉20g、鸭蛋清20g。

调料：盐5g、橘油20g、花生油适量。

（2）实训用具：

菜刀、砧板、炒锅、炒勺、汤匙、碗。

（3）工艺流程：

清洗→切配→制作虾球→浸炸→复炸→装盘。

（4）制作方法：

①将小馒头切成0.5cm×0.5cm的小方粒备用，荸荠肉拍碎挤掉汁备用，韭黄洗净切成末备用，白膘肉切成末备用。

②将虾仁去掉虾肠、虾线拍成虾泥，加入荸荠末、韭黄末、白膘肉末拌匀，加入盐、鸭蛋清拍打成虾胶备用。

③将虾胶挤成每颗约20g重的虾球，把虾球均匀地裹上馒头粒备用。

④洗净炒锅倒入适量油，用大火加热，当油温升至三成热时关小火力，把虾球放到锅中，浸炸至熟，捞起虾球，调大火力，当油温升至六成热时，把虾球放到锅中，复炸至色泽金黄、口感酥脆为止，捞起虾球，沥干油摆盘，上桌时配上酱碟——橘油即可，成品效果如图8-1所示。

图8-1 脆炸虾球

（5）成品特点：外酥里嫩，味道鲜美。

2. 注意事项

（1）浸炸时注意油温的控制，要使用低油温浸炸至熟，防止出现外面焦里面不熟的状况。

（2）制作虾胶的时候注意一些小细节，使其口感更佳。

二、墨鱼胶类

墨鱼又称乌贼、花枝。

（一）墨鱼胶的制作工艺流程

墨鱼初加工→吸干水分（冷冻）→制蓉→加料→调味→应用。

（二）利用墨鱼胶制作的菜式

蒸酿白玉扇、潮州墨鱼丸。

（三）实训：墨鱼胶类——潮州墨鱼丸

1. 实训内容

（1）实训材料：

主料：墨鱼肉 500g。

辅料：紫菜 50g、鸡蛋清 20g、上汤 800g、生菜 100g、湿生粉 30g、香芹粒 5g。

调料：盐 3g、鱼露 5g、味精 2g、胡椒粉 1g、香麻油 3g。

（2）实训用具：

菜刀、砧板、盆子、锅、炒勺、筷子、汤匙、碗。

（3）工艺流程：

墨鱼初加工→吸干水分（冷冻）→制蓉→加料→调味→煮熟墨鱼丸→制成墨鱼丸汤。

（4）制作方法：

①把墨鱼肉绞成蓉，放入盆中，加入鸡蛋清、盐、味精、湿生粉、清水（15g），用手搅拌约 15 分钟至墨鱼胶粘手不掉（起胶），再用手挤成墨鱼丸（每颗约 15g），放于温水（约 60℃）中浸泡，然后连水放入锅中，先以旺火煮至"虾目水"（水温 60℃~75℃），转为小火煮至水滚开时将墨鱼丸捞起备用。

②取一汤盆，加入紫菜、生菜（先用清水洗干净）、香芹粒、鱼露、味精、胡椒粉、香麻油备用。

③将上汤下锅用旺火煮沸，放下墨鱼丸继续加热，待其浮起后，连汤盛入汤盆中，轻微搅拌即可食用，成品效果如图 8-2 所示。

图 8 - 2　潮州墨鱼丸

（5）成品特点：汤汁鲜美，墨鱼丸口感十足。

2. 注意事项

刚挤好的墨鱼丸不能直接放入沸水中煮，否则会影响墨鱼丸的弹性。

三、肉馅类

（一）肉馅的制作工艺流程

选肉→剁碎成蓉→摔打起胶→调味→应用。

（二）利用肉馅制作的菜式

芙蓉乳鸽、焖酿黄瓜、炊烟筒鸭、鸳鸯膏蟹、玉枕白菜等。

（三）实训：肉馅类——玉枕白菜

1. 实训内容

（1）实训材料：

主料：猪瘦肉 250g。

辅料：鲜虾肉 100g、圆白菜 800g、香菇 20g、竹笋 10g、铁脯鱼 5g。

调料：味精 3g、胡椒粉 1g、盐 3g、生粉 10g。

（2）实训用具：

菜刀、砧板、盘子、锅、筛网、炒勺、筷子、汤匙、碗。

（3）工艺流程：

切配→制馅→炸制→炒制→成菜。

（4）制作方法：

①圆白菜切掉菜帮，菜叶焯水后冲凉水，放凉后沥干水分；铁脯鱼过油

炸香后剁成末；猪瘦肉洗净切碎剁成肉泥；虾去虾壳、虾肠后同猪瘦肉一起剁碎，下适量盐、味精、胡椒粉继续剁，剁好后加入适量生粉水和铁脯鱼肉末拌匀，放入大碗中摔打至起胶；竹笋下锅煮熟后放凉，切笋花；香菇去蒂切片。

　　②取一张白菜叶，展开铺平，放入拌好的肉馅，卷成长条，用生粉封口，然后放在拍好粉的盘子上。

　　③锅中下油，油温五成至六成热时放入白菜卷，炸至两面呈略微的金黄色时出锅沥油；锅中留少许油，把香菇爆香，下笋花略微翻炒，加水，把炸过的白菜卷下锅，转大火，水开后焖煮3分钟，下盐、味精、胡椒粉调味，最后下生粉水勾芡，收汁，淋上包尾油，起锅装盘即可，成品效果如图8－3所示。

图8－3　玉枕白菜

（5）成品特点：外酥里嫩，色泽明亮，造型美观。

2．注意事项

（1）尽量选用大而完整的菜叶，注意不要弄破，便于包馅。

（2）虾肉和猪瘦肉要剁成泥，摔打至起胶，这样可增加弹性和脆度，也便于成形。

（3）白菜封口要紧，在炸制时，等白菜卷定型后再推动，否则会散开。

（4）注意油温和火候，以免白菜外表焦而馅未熟。

（四）知识拓展：潮州菜中的牛肉丸

1．牛肉丸的由来

　　在清末及民国初期，便有许多客家人挑着小担，在潮州府城走街串巷，叫卖牛肉丸汤。聪明的潮州人看到客家的牛肉丸很有特色，便将它移植过来。

但潮州人并不是简单地将客家牛肉丸照搬过来，而是吸取其优点，对不足之处加以改进。

如客家人捶打牛肉丸是用菜刀的刀背，这样效果差，且力度不够，影响打出的肉浆质量，潮州人便改用两根特制的铁棒，每根3斤重，面呈方形或三角形，用双手轮流捶打，左右开弓，直至把牛肉打成肉浆。

又如客家人煮牛肉丸是用清水，一向讲究原汁原味的潮州人则改用牛肉、牛骨熬的汤来煮牛肉丸，这样就保证在煮牛肉丸时，肉丸的肉味不会渗透到汤水中，从而使牛肉丸更具浓郁的牛肉味，同时还增加用沙茶酱作酱碟蘸着吃这一吃法。

由于潮州人制作的牛肉丸比客家人更为精细考究，故潮州人制作的牛肉丸很快便盛行整个潮汕地区，大受潮汕人的欢迎，成为一种最为大众化的潮州民间小食。时间一久，人们都只知道潮州手捶牛肉丸，而很少有人知道潮州手捶牛肉丸是起源于客家的。

当然，在民间还有一些关于牛肉丸怎样从客家传到潮州的民间传说。例如，民国初期的时候，有一个土名叫和尚、真名叫叶燕青的潮州人经常帮助客家人，客家人便把这牛肉丸的制法传给叶燕青。叶燕青把这牛肉丸的制法不断加以改进，所以他所卖的牛肉丸汤在潮州特别有名，以后叶燕青一直在潮州名店胡荣泉打工。

在潮州，还有许多丸类的潮州小食，如猪肉丸、猪肚丸、鱼丸、墨斗丸、虾丸等，它们都是从潮州手捶牛肉丸的制法举一反三而演变发展来的。

烹制牛肉丸汤，碗脚①要调入"蒜头膀"、芹菜粒，酱碟为沙茶酱或红辣椒酱。

2. 牛肉丸的制作工艺流程

（1）手工锤打。

选肉→起筋→捶打→加盐→捶打→纳盆→加调料→挞打→挤丸→加热至熟。

（2）机械制作。

选肉→起筋→粉碎→加冰→高速机捶打→加调料低速机搅拌→挞打→挤丸→加热至熟。

（3）实训。

选用新鲜的牛腿包肉作料，去筋后切成块，放在大砧板上，用特制的方形锤刀两把（重量3斤左右），上下不停地用力把牛腿肉槌成肉浆，加入少量

---

① 碗脚（或碗底）是潮菜烹调的专业术语，是指将调味料先放入碗中，再倒入汤和料的一种调味习惯。

雪粉①、盐、上等鱼露和味精，继续再槌 15 分钟，随后用大钵盛装，加入鲽鱼干末、白肉粒和味精，拌匀，用手使劲搅挞，至肉浆粘手不掉下为止，然后用手捻肉浆，握住拳头控制从大拇指和食指成环状中挤出丸，用羹匙掏下放到温水盆里，再用慢火煮丸约 8 分钟，捞起牛肉丸。食时用原汤和牛肉丸下锅煮至初沸（煮时水不能太沸，否则牛肉丸不爽滑），加入适量味精、香麻油、胡椒粉和芹菜粒，配上沙茶酱或红辣椒酱佐食。

3. 注意事项

（1）使用锤子用力不断地捶打，使牛肉的肌肉组织受到最大破坏，从而扩大肌肉中蛋白质与水的接触面，增加持水量。

（2）淀粉加热后，会吸水糊化膨胀，黏度增大，这样可增强牛肉蛋白的强度（便于丸子成形），并能增加牛肉丸的弹性。不过这里也要掌握好淀粉的用量，过少，则丸子的黏稠力不足，影响弹力；过多，则丸子又容易发硬，浮力小，入口不爽。

四、鱼胶类

（一）鱼胶的制作工艺流程
取肉→去骨→清洗→剁碎→敲打→加料→应用。

（二）利用鱼胶制作的菜式
潮州大鱼丸、油泡鱼册、生炒鱼面、上汤鱼饺等。

（三）实训：鱼胶类——鱼胶酿竹笙

1. 实训内容

（1）实训材料：

主料：草鱼中段 2 斤。

辅料：竹笙 50g、鸡蛋 25g、上海青 300g、胡萝卜 100g。

调料：盐 4g、味精 0.5g、生粉 5g、香麻油 3g、胡椒粉 5g、鱼露 6g。

（2）实训用具：

菜刀、砧板、蒸笼、锅、裱花袋、炒勺、筷子、汤匙、碗。

（3）工艺流程：

竹笙初加工处理、鱼胶加工→鱼胶酿入竹笙→蒸制→勾透明芡→装盘成菜。

（4）制作方法：

---

① 雪粉是生粉的一种，因质地洁白，在潮菜中称为雪粉。

①把竹笙漂水（可加点白醋，去除它的硫黄味）洗干净，然后切成四五厘米的段备用。

②将草鱼切开两半去掉鱼骨，用汤匙将鱼肉刮成鱼蓉，加入少量清水、盐、味精、胡椒粉和鸡蛋清，拌匀后打至起胶，接着将鱼胶放入裱花袋中。

③将鱼胶挤入竹笙中，注意大小均匀，然后入蒸笼蒸6分钟，盛起摆盘。

④上海青留心，去掉大叶，然后将胡萝卜切成小条，插入青菜中做装饰，然后焯水备用摆盘，成菜用美观大方的盘式进行菜肴的点缀（装盘）。

⑤锅中放入水，调入味精、鱼露、胡椒粉、香麻油，烧开后调入生粉水调成玻璃芡，加包尾油，淋在摆好盘的菜中即可，成品效果如图8-4所示。

图8-4 鱼胶酿竹笙

（5）成品特点：造型美观，鱼胶口感弹牙，紧汁亮芡，荤素搭配，营养丰富。

2. 注意事项

（1）竹笙要用清水漂洗，去掉它的杂味，选购的时候以色泽微黄为好，气味芳香不要有异味。

（2）鱼胶打起胶后，最好能够放进冰箱里面冷藏一个小时后再用，否则做出来的鱼胶不爽脆。

（3）鱼胶酿入竹笙的时候不要酿太满，七八成满就可以，过满影响形状的美观。

（四）知识拓展：潮汕鱼丸与苏式鱼丸的区别

1. 潮汕鱼丸

质地爽弹，制作工艺以摔打为主。这样做的好处是让具有弹性的肌纤蛋白等非水溶性蛋白外露，又将影响弹性的胶原蛋白等水溶性蛋白深藏，从而在有效控制入水量的情况下呈现爽弹的效果。由于是非水溶性蛋白外露，开始的时候不必忧虑受热老化的问题，因此，制熟时只要水温不是太高，是可以将鱼丸直接挤入沸水之中的。

制熟之后才是要点。这是因为团状的鱼丸散热非常慢，如果长时间无法散热，内藏的水溶性蛋白就会老化变劣而影响整体弹性。因此鱼丸煮熟后，要快速捞到冷水中，以便迅速将温度降低。

2. 苏式鱼丸

质地绵滑，制作工艺以搅拌为主。这样做的好处是让吸水性极强的水溶性蛋白外露，又让不嗜水的非水溶性蛋白内藏。有一点值得一提，尽管在搅拌时已经加入了充足的水分，但水溶性蛋白的离子在盐的电解质带动下会变得更加亲水。

第九章 潮菜酱碟

本章内容：潮菜酱碟的式样、类型，酱碟制作方法及在潮菜中的应用。

教学目的：让学生了解潮菜酱碟的作用，掌握调制酱碟的原料和方法，使他们能在实践中熟练掌握调制酱碟以及不同菜式的酱碟搭配的方法。

教学方式：由教师讲述制作酱碟的基本理论，学生通过实训操作示范和反复练习来掌握酱碟的制作方法。

教学要求：1. 掌握酱碟的制作方法。
2. 重点了解各式酱碟的不同搭配方法。

　　历史上的潮菜制法，有特殊的原因，比如为了保存食物而将海产品煮成鱼饭，或是为了祭拜祖先神明而将三牲用清水煮熟，或是为了保留食材的原味而将菜肴做得比较清淡，进食时必须借助佐料来补充滋味，这样就形成了一种特殊的饮食习惯，也就是烹制后调味。在中国菜里，几乎每个菜系都有酱碟，但潮菜却以独特的酱碟闻名而形成潮菜的一大特色。这是因为潮菜酱碟多而且搭配合理。

　　潮菜的酱碟，是其重视调味的一种体现。用酱碟调味与在烹制菜肴时加进调料，有着不同的风味和特点。首先，根据自己的口味爱好，进食时可以蘸也可以不蘸酱碟，也可以蘸多或蘸少；其次，菜肴若蘸酱碟，因为酱料是蘸在菜肴的外部，而不是像烹制菜肴时调味那样，把调料融在菜肴的汤汁中，被烹饪原料吸收，所以酱碟的味道就更加突出、单纯。

　　潮菜酱碟的品种繁多，数不胜数。常用的酱碟有鱼露、老抽、橘油、梅膏、三渗酱、辣椒酱、沙茶酱、虾料、蒜泥醋、浙醋、白醋、椒盐、姜米醋、芥辣、辣椒醋等。

　　潮菜酱碟不但以其数量之多令人叹为观止，而且在搭配上也非常讲究，注重什么菜配什么酱碟，酱碟需符合食物的性味以及烹饪的调味。例如，普宁豆酱味道咸鲜带甘，可用作佐餐蘸料以及烹煮海鲜、肉类，尤其以烹煮鱼类和白斩鸡最为美味；姜米醋中的姜性温散寒邪，醋有去腥暖胃的功效，与姜米搭配，互补互存，常与寒凉性菜肴搭配，如肉蟹；橘油味道甘甜，并伴有浓郁的橘子果香味，可开胃、增进食欲、帮助消化，常用来作为白焯海鲜或油炸菜式（例如炸虾球）的酱碟等。潮菜酱碟搭配详见潮菜酱碟一览表。

潮菜酱碟的用法较特殊，如"红炖鱼翅"的酱碟是浙醋，但这些浙醋并不是让客人在进食鱼翅时调入的，因为这样鱼翅的浓香味将被酸溜溜的浙醋破坏。实际上，"红炖鱼翅"较肥腻，所以这碟浙醋是供客人吃完鱼翅后喝一点以解肥腻的。

唐朝元和年间，韩愈被贬潮州，他在品尝潮州饮食之后，写下了《初南食贻元十八协律》这样一首诗，其中有这样的句子："我来御魑魅，自宜味南烹。调以咸与酸，芼以椒与橙。"这几句诗，正反映了唐代潮州人民已经有蘸各种调料进食的习惯了，可见潮菜酱碟丰富作为潮菜的一大特色，已经有很久的历史了。

实训　潮州沙茶酱

一、实训材料

主料：花生仁1 000g、芝麻酱160g、植物油800g。

辅料：大蒜头175g、葱75g、虾米150g、五香粉30g、沙姜粉15g、香菜籽15g、香木草2根、比目鱼干175g。

调料：盐30g、白糖300g、辣椒粉75g、芥末粉30g。

二、实训用具

菜刀、砧板、炒锅、炒勺、筛网、汤匙、碗。

三、工艺流程

选料→初加工→炸制→熬油→翻炒→装坛。

四、制作方法

（1）将花生仁放进容器中，加沸水（放少许盐）泡10分钟后剥皮，投入六成热的油中炸至熟脆捞出，待冷却后将它碾成碎末。另将比目鱼干剔尽骨刺，也用油（七成热）炸酥捞出，斩成细末待用。

（2）开油锅，将植物油熬熟后待凉，调入约150g凉油调稀；将大蒜头剥去皮，另将虾米斩成碎末，用一部分油将葱炸干水分，然后把葱碾碎，仍放入油中，另用一部分油分别将辣椒粉和蒜蓉熬成辣油和蒜油待用。

（3）另用净锅放油，先将香菜籽、五香粉下锅略炒，加入芝麻酱、虾米末、花生末、芥末粉、沙姜粉炒匀，再加入蒜油、葱油、辣油、盐、白糖炒匀，随后将香木草碾成粉末也放入同炒。用文火炒半小时左右，见锅内没有泡时即可离火，待其自然冷却后装入坛内，可久藏一两年不变质，随用随取。

潮菜酱碟一览表

类别	菜名	酱碟	备注
海味干货类	红炖鱼翅	浙醋	
	神仙鱼翅	浙醋、香菜	
	炒桂花翅	浙醋	将生菜叶、薄饼皮摆进小盘，配上浙醋。用生菜叶包鱼翅吃则爽口，用薄饼皮包鱼翅吃则软而嫩香
	芝麻鳔	浙醋	
	炆金龙鱼鳔	浙醋	
	红炆海参	浙醋	
水产类	生炊龙虾	橘油	
	生菜龙虾	酱碟自制（见备注）	将熟蛋黄研成粉末，用上汤加入芝麻酱和橘油、茄汁、味精搅均匀
	彩丝龙虾	橘油	
	白焯角螺	芥辣、梅膏	
	干炸蟹枣	梅膏	
	鸳鸯膏蟹	姜米醋	
	焗蟹塔	姜米醋	
	生炊膏蟹	姜米醋	
	炸蜘蛛蟹	喼汁	
	酿金钗蟹	姜米醋	
	生炊蟹钳	姜米醋	
	炸素珠蟹	浙醋、喼汁	
	炊七星蟹	浙醋、喼汁	
	干炸川椒蟹	浙醋、喼汁	
	如意蟹	姜米醋	

（续上表）

类别	菜名	酱碟	备注
水产类	生炊肉蟹	姜米醋	
	金鲤焗虾	橘油	
	格力虾	橘油	
	干炸凤尾虾	橘油	
	干炸虾筒	甜酱	
	炸吉列虾	唸汁	
	生炒虾松	浙醋、酱料	
	白汁鱼	橘油	
	生炊鲳鱼	橘油	
	干炸鱼盒	甜酱	
	生炊鳊鱼	橘油	
	焗裂袋鱼	唸汁	
	明炉竹筒鱼	橘油	
	生淋鱼	自制咸、甜芡各一碗	
	五彩焗鱼	唸汁	
	葱椒脚鱼	芥辣、浙醋	
	生滚鲤鱼	蒜泥醋	蒜头切蓉加少许盐，调入白醋
	清炖鳗	红豉油	
	鱼饭	豆酱	
家禽飞鸟类	腐皮酥鸭	梅膏	
	烧肥鹅	梅汁	
	干炸鸡卷	甜酱	
	糯米酥鸡	甜酱	
	双拼龙凤鸡	沙律酱	酱碟可自制，制法：将熟蛋黄末、芥辣、白糖、味精、盐、熟豆油、白醋搅匀
	干炸鸭包	甜酱	
	炸香酥鸭	酱碟自制（见备注）	用茄汁、梅膏调匀即成

（续上表）

类别	菜名	酱碟	备注
家禽飞鸟类	卤鹅	蒜泥醋	
	干烧肥鹅	甜酱	
	清鸡把	芥辣、豉油	
	芙蓉鸡	芥辣、梅膏	
	酥皮鸡	酱碟自制（见备注）	用柿汁、橘油、白糖、香麻油、芥辣调匀即成
	烧雁鹅	甜酱	
	盐焗肥鸡	酱碟自制（见备注）	将姜丝、葱丝、盐放入碟中，淋上滚油
	烟熏鸡	川椒油	将生葱蓉、川椒末用猪油下锅煎熟，调入味精、盐即可
	焗鸭掌包	噈汁	
	八宝江米鸭	红豉油	
	干烧水鸭	甜酱	
	炒鸽松	浙醋	将薄饼皮和圆形生菜叶摆进小盘，配上浙醋
	干炸鹌鹑	噈汁、甜酱各一碟	
家畜类	金钱肉	梅膏	
	干炸果肉	梅膏	
	炸芙蓉肉	甜酱	
	梅花大肠	甜酱	
	炸桂花肠	甜酱	
	烧方肉	甜酱	
	干炸肝花	甜酱	
	肉冻	鱼露	
	糕烧羊	甜酱	
	凉冻羊	自制南姜醋	白醋100g、南姜末15g、盐少许、香麻油5g调匀
	红炖羊肉	自制南姜醋	

（续上表）

类别	菜名	酱碟	备注
小食类	蚝烙	鱼露、辣椒酱	
	笋粿	浙醋	
	菜头粿	浙醋、辣椒酱	
	牛肉丸汤	辣椒酱	
	肖米（烧卖）	浙醋	
	无米粿	辣椒酱	
	糯米猪肠	甜酱	

参考文献

［1］荣明. 烹调工艺实训教程［M］. 北京：中国财富出版社，2013.

［2］许永强. 潮州菜大全［M］. 汕头：汕头大学出版社，2001.

［3］吴奎信，杨方笙. 潮州菜烹调技法［M］. 广州：广东科技出版社，2000.

［4］邵建华. 燕翅鲍肚参［M］. 上海：上海科学普及出版社，2004.

［5］方树光. 潮菜掇玉［M］. 香港：香港中国旅游出版社，2009.

［6］赵子余. 潮州菜制作工艺［M］. 北京：中国劳动社会保障出版社，2007.

［7］周晓燕. 烹调工艺学［M］. 北京：中国纺织出版社，2008.

［8］黄明超. 粤菜烹饪教程［M］. 广州：广东经济出版社，2007.

［9］黄武营. 潮菜制作技术与营养分析［M］. 广州：暨南大学出版社，2013.

［10］许永强，李丹虹. 潮州菜烹调技术［M］. 南京：南京大学出版社，2014.